大话 云计算

从云起源到智能云未来

马睿　苏鹏　周翀◎编著

EXPLORE CLOUD
COMPUTING

FROM THE ORIGIN TO INTELLIGENT FUTURE

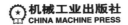

机械工业出版社

CHINA MACHINE PRESS

本书旨在以简明的形式、通俗易懂的文字，让读者快速了解时下很受关注的 IT 新技术——云计算。

本书不仅回答了"什么是云"这一关键问题，还层层解耦、抽丝剥茧，从数据中心结构、服务设计方法，到安全及合规性，再到自动化云端工具，多个角度详细介绍了云计算平台的构成和使用。同时，本书作者还运用自己丰富的实战经验，以动手实验的方式带领读者尝试使用云端服务。本书最后还对未来世界做出了展望，整本书体系完整，内容丰富，有助于广大读者理解整个 IT 产业今后发展的大脉络。

本书可以作为想了解云计算概念的非技术读者、希望使用云计算的 IT 决策者，或希望使用云计算进行创新的创业者的入门指南，也可以作为云计算行业专业人士的参考书。

图书在版编目（CIP）数据

大话云计算：从云起源到智能云未来 / 马睿，苏鹏，周翀编著. —北京：机械工业出版社，2020.9（2024.1 重印）
ISBN 978-7-111-66343-0

Ⅰ.①大⋯ Ⅱ.①马⋯ ②苏⋯ ③周⋯ Ⅲ.①云计算 Ⅳ.①TP393.027

中国版本图书馆 CIP 数据核字（2020）第 150815 号

机械工业出版社（北京市百万庄大街 22 号　邮政编码 100037）
策划编辑：李培培　责任编辑：李培培
责任校对：张艳霞　责任印制：邓　博
北京盛通数码印刷有限公司印刷

2024 年 1 月第 1 版·第 6 次印刷
169mm×239mm·18 印张·441 千字
标准书号：ISBN 978-7-111-66343-0
定价：99.00 元

电话服务

客服电话：010-88361066
　　　　　010-88379833
　　　　　010-68326294
封底无防伪标均为盗版

网络服务

机　工　官　网：www.cmpbook.com
机　工　官　博：weibo.com/cmp1952
金　书　网：www.golden-book.com
机工教育服务网：www.cmpedu.com

前言

    云计算是时下最热门的 IT 名词之一，也代表了这个行业的未来发展方向。云计算的优点显而易见，也极具吸引力，这也是越来越多的企业开始利用云计算平台实现数字化转型的原因。

    IT 产业的上一次巨变发生在 20 世纪 90 年代，大型计算机逐渐退出舞台，以客户端/服务器为架构的新模式一直被沿用到了现在。云计算可以被认为是 IT 产业的又一个重大变化，它描述了一种新的基于互联网的 IT 服务模式，人们无需详细了解云中的基础架构、也不需要具备专业知识就可以轻松使用。云计算动态可伸缩的特性不仅可以帮助用户节省成本，也可以让 IT 资源更好地匹配业务发展需求。

    本书面向大众读者，深入浅出地介绍了云计算的重要概念及其对 IT 行业的影响。在内容设计上溯本清源，带领读者探寻云计算背后的技术架构和发展历程，帮助读者更深刻地认识云计算的本质。本书在阐释概念的同时，也对其商业应用、社会影响等进行了解读。

    本书各章节的主要内容如下。

- 第 1 章介绍了云的起源与发展，并介绍了当前流行的云计算技术的原理和主要应用方向。
- 第 2 章深入探讨了云计算技术的商业价值和商业前景。针对 IT 行业中不同角色分别论证了云计算技术的价值，无论读者在行业内担任何种角色，都可以通过阅读此章了解云计算技术的商业价值。
- 第 3 章介绍了云计算的运维模式和商业模式及其与传统模式的区别，包括可以量化的稳定性约定、按需计价的方式和水平或垂直的扩容能力。
- 第 4 章介绍了云计算的安全性、合规性和可靠性。安全性不仅包括硬件和数据的安全，还包括云服务商的运营管理、服务质量控制等

内容。合规性是为了确保企业在云端的服务能够与法律、规则和准则相一致。最后通过介绍云端服务的特点与挑战，帮助读者理解如何构建可靠的云端架构。

- 第 5 章介绍了云计算的几个核心服务，包括计算、存储、分析、数据库、同步和专线。当以共享的方式将这些技术整合在一起时，就能够以服务的方式向用户提供 IT 资源，而不是实际的硬件或设备。

- 第 6 章是动手实验部分，带领读者更进一步了解云计算平台的使用方法。同时也详细介绍了几个主流云计算平台在国内的运营情况。

- 第 7 章带领读者从零开始熟悉命令行的基本操作，接着建立一个 .NET Web 应用程序，并把代码托管到 GitHub 上，然后通过 Azure 提供的持续集成与发布管线部署到云上，最后通过架设云服务提供的监控系统观察该应用程序的运行状态。

- 第 8 章介绍了云计算的局限性。任何技术都有优缺点，云计算也不例外。云计算对网络的高度依赖、自身过于庞大的攻击目标都为用户带来了潜在风险。同时，各个云计算平台之间缺乏互操作性，用户一旦采用就难以迁移，这也局限了企业业务的发展。

- 第 9 章介绍了云端新技术，包括敏捷开发、人工智能、数据科学、物联网和区块链。理解这些技术与云计算的关系对了解它们的未来发展趋势至关重要。

- 第 10 章带领读者展望了未来新世界。如今的技术发展速度已经远远超出大部分人的想象，人工智能等技术已逐渐渗透到人类生活的方方面面，未来的生活会出现何种变化？本章会给出一些线索。

本书主要作者马睿居住在澳大利亚悉尼，是澳洲微软云端解决方案架构师，在加入微软前在亚马逊云计算部门 AWS 任工程师，其编写了第 4 章、第 6 章、第 8 章大部分、第 9 章和第 10 章。苏鹏就职于中国联合网络通信集团有限公司，负责软件开发，同时也是北京航空航天大学软件学院客座教授，其编写了第 1 章和第 2 章。周翀就职于英雄联盟开发商拳头游戏上海办公室，负责公司游戏在中国区的云端部署本地化与安全系统的设

计和开发工作，其编写了本书其余部分内容。

本书在对云端服务进行细节介绍时主要参考的是云服务商的官方文档，包括微软、亚马逊、谷歌和阿里等。书中还引用了许多来自研究机构的行业分析报告，在此对这些厂商和机构一并表示感谢。感谢机械工业出版社李培培编辑在编写过程中的悉心指导。同时感谢孟鑫、于斌、韩晓在本书编写过程中提供的诸多帮助。

编　者

目录

第 1 章

云的起源与发展

1.1　史海钩沉——云计算之前的历史

"千禧一代"可能觉得云计算是他们这一代的东西，但事实是，云计算的历史可以追溯到 60 多年前。在约翰·肯尼迪担任美国总统（1961～1963年）期间，人们所有的目光都集中在了太空竞赛上，除了美国五角大楼的高级研究计划局（ARPA），当时这些顶尖的研究人员还在探索一个不同的未知领域——如何将计算机互联。在该机构负责人 J. C. R. Licklider 1963年的一份备忘录中描述了一种名为"星系网络"的计算机网络模型，该网络允许更新数据并与"其他位置"的程序共享，这些计算机通过使用相同的语言来通信。凡是连接到该网络的计算机，无论从哪里接入，都能访问程序和数据。这听起来就像是今天所说的云计算的雏形。

追本溯源是了解云计算的最好办法，为了真正认识云计算的价值，本节将回顾历史上先后出现的各种计算机组网模型，从云计算的起源开始说起，帮助读者了解云计算之前的历史。

1.1.1　局域网

局域网是针对广域网而言的，也是互联网的雏形。所谓局域网，简单地说就是在一个有限的环境里把计算机组合在一起。计算机和人一样，要想在一块儿聊天，需要有一套统一的语言，如果一个计算机说中文一个计算机说英语，那就无法对话了。这一套对话的语言叫作通信协议。具体说来，计算机的通信协议包括两部分，一部分是找到对方的寻址协议，即门牌号码，局域网里的门牌号码类似于居民楼的门牌号码，如 6 楼 601 住着刘老六，这个地址在这栋楼是准确的，出了这栋楼就不一定准确了。另一部分是编码协议，包括如何组织语言，如何传递，如何重组。其实人和人说话也有相似的过程，只不过人和人说话有一套约定俗成的解读方法，这样一来不用翻译也能聊天。有了寻址协议能找到"刘老六"，也有一个组织语言的编码协议能把话说顺溜了，这样两台计算机就可以在一块儿开始聊

天了。局域网出现得很早且意义重大，因为后来的互联网就是从局域网发展而来的。

局域网是互联网的基础单元，有了局域网，计算机就能"对话"了，即协同工作，所以说局域网是云计算发展的第一步。

1.1.2 机房

除了局域网之外，要想实现云计算，还需要有存放计算机的机房。机房要保持恒温、恒湿，以保证计算机的正常工作。

机房建设包括几个部分：第一是要有坚实的机架，计算机不能散放在地上，否则有个"风吹草动"就有"土崩瓦解"的风险；第二是要有稳定的电力保障，一般机房都有应急备用电源，高级机房还有多路供电、自备发电机等应急办法，目的是保证在外部电力出现故障的情况下能再坚持一会儿，趁着这个时间发出故障信息，结束当前工作并保存现场数据等，以备电力恢复之后继续开展工作；第三是要恒温、恒湿，机房里的计算机大多数情况下都处于工作状态，毕竟我们之所以把计算单位集中起来就是为了让他们更好的进行工作，要是总空闲这就有点得不偿失了。计算机的中央处理器进行高速计算时会释放大量热量，不及时处理有可能造成计算机的过热停机。恒温的目的就在于避免计算机过热，图1-1显示了机房内的空气和热量流动情况。恒湿则是避免空气中灰尘产生静电导致原件被击穿，起到保护脆弱原件的作用，第四是要有高速网络保障，好一点的机房应该是全光纤通信，稍微普通点的机房也应是六类线加上千兆交换机，以充分保证机房内设备的通信速度。

机房的建设是昂贵的，属于商业地产项目中不怎么赚钱的项目，早期只有大企业和基础电信供应商才会建设，一般选择地广人稀的地方进行建设。近些年这个情况发生了一些变化，全国范围内需要云服务的地方越来越多，于是各地都希望有自己的数据存储中心和云计算中心，作为商业地产的一个种类，大型机房投资逐渐变得有利可图起来，未来的3~5年内可以预见，随着云计算的蓬勃发展和5G时代的到来，越来越多的机房会被建设起来。

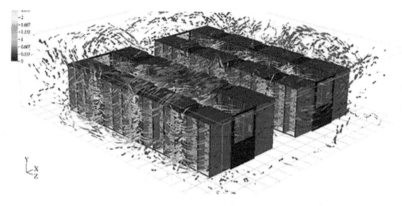

图 1-1

机房的空气和热量流动

机房的发展目前还有个几个趋势值得关注：一是机房的专业用途化，即某个机房专门为提供某种云服务而诞生，如目前一些地方兴建的区块链专用机房；二是云中心中机房的功能越来越复合化，很多机房除了承载云计算的工作之外，还承载了通信服务器的工作。未来 5G 网络的建设需要很多基站资源，而这种放置通信基站的网络传输设备间很可能还需要放置一些计算服务器，于是一种名为"边缘计算"的云架构模式诞生了，在这个时代，机房就变成了一个综合了通信和计算服务的一体化解决方案。

1.1.3　数据中心

数据中心是用来集中存储数据的，也是云计算中最常见的应用场景之一。数据是当今各企业最有价值的资源之一，数据可以帮助企业做分析和决策，也能为未来人工智能时代提供海量的信息储备，所以妥善保管数据成了非常重要的事情。数据中心包括一系列的设备和措施用于保障数据的安全、可靠。

近些年来，数据的安全性、可靠性和可用性开始被更多的人关注。随着计算能力的发展和数据采集的多样性，云计算中心的一个重要工作就是使用大数据模型收集数据，然后使用人工智能技术对数据进行分析，数据中心的重要性日益凸显。为了保证数据中心数据的可用性和可靠性，需要

对数据中心做一些特殊的服务。

为了保证数据的安全，要采取一些防止数据泄露的措施，如各种监控设备，以及隔离的房间，甚至是震动传感器等，基本上目前为了数据安全，数据中心可以算是"武装到了牙齿"。

信息化时代，随着人工智能的发展和自动化水平的提升，人口已经转变成了一种资源，尤其是人类的社会活动带来的数据增长，已经变成了机器用于学习和进步的资源和养料。

数据中心需要的是一个相对稳定、可靠的环境，这个环境包括物理地址、高架地板、供电和发电系统、制冷系统、机架、安全防火系统、电缆敷设，以及管理系统和服务系统。如图 1-2 所示是微软公司（以下简称微软）的数据中心，一个完备的数据中心结构相当复杂，这也是对于小企业而言，与其耗费巨资建设数据中心，不如直接租用云计算更为经济、可靠的原因。

图 1-2

微软的一座大型数据中心

1.1.4 网格计算

说完机房的硬件条件，接下来就要谈谈如何联合计算了。现在计算机能对话了，也有了一个相对舒适安逸的环境，下一步就要进行协同计算工作了。

哪些问题是需要多台计算机一起协作才能解决的？一般来说这种协同计算可以分析来自外太空的电信号，寻找隐蔽的黑洞，并探索可能存在的

外星智慧生命；也可以寻找超过 1000 万位数字的梅森素数；还可以寻找并发现对抗艾滋病病毒的更为有效的药物。这些项目都很庞大，需要惊人的计算量，仅仅由单台计算机或是个人在一个能让人接受的时间内计算完成是绝不可能的，于是协同计算诞生了。

协同工作大家都做过，如包饺子，有人擀饺子皮，有人和饺子馅，这算是一种协同工作；另一种如大家一起将一堆砖头从一处搬到另一处。这两种都是协同工作，但是有本质区别，前者是有分工的协同工作，每个人做的事情不一样，且做的事情有先后顺序，依赖这个顺序才能开展工作；后一种协同工作是大家一起完成，做的事情差不多，也无所谓谁先谁后，总之最后把事情做好即可。这是按照协同工作的协同性进行的分类。

网格计算就是把一个工作拆分成多个步骤的方式进行，不过网格计算是弱协同性的模型，即不要求协同的人相互配合工作，大家以各自为战的模式开展工作。网格计算通过网络把一个复杂的计算动作分给加入网格的每个计算单元，每个单元自己做自己的作业，互相不用配合，只把计算结果合并在一起即可。网格计算诞生的时候带有一些公益色彩，很多时候是期望大家把空闲的计算资源贡献出来，一起解决一些难题，比如笔者就参加过一个项目，该项目在屏幕保护运行的时候进行素数分解计算，并把寻找到的大素数发送到一个计算中心，在不知不觉中大家一起解决了一个复杂的数学问题。

1.1.5　大规模计算

网格计算提供了把一个任务进行分拆的最简单的办法，即让每个人都做毫无关系的单独计算。实际上有些工作是有序的，如同前面包饺子的例子一样，这样的工作需要有协同性，这时就需要另一种进行工作组织的方式，大规模计算就应运而生了。顾名思义，大规模计算就是计算的规模特别大，这里的"大"有两个含义，一个是参与计算的计算机的数量多，一个是计算的复杂程度高。大规模计算算是并行计算里的高级形式，即可以把工作按照工作量进行平均分配，还可以把工作按照顺序进行分配调度，

这样一来协同工作也可以进行分布式计算了，大大提高了计算效率。

1.1.6 超算

超算又叫超级计算机（Super Computer），指能够执行一般个人计算机无法处理的大资料量与高速运算的计算机，规格与性能比个人计算机强大许多。一般家用计算机的 CPU 有 2～8 颗内核，已经能够满足人们日常的工作和娱乐需要了，而超算一般都有成千上万的物理 CPU，每颗 CPU 又有几十颗物理内核，可以看出超算的计算能力是远超家用计算机的。超算强大的计算能力是用于解决专门的工程问题的，例如，飞机在飞行中全身有几十万个着力点，计算飞机受力模型可以帮助飞机设计者了解飞机飞行中的平稳度，提升飞机飞行的可靠性。这种复杂的受力分析就需要超算帮助进行模拟计算。我国的天宫一号飞行器的设计过程中就使用了我国自主研发的 "神威·太湖之光" 超级计算机，如图 1-3 所示。

图 1-3

我国自主研发的 "神威·太湖之光" 超级计算机

1.2 "云" 从哪里来？

随着云计算的理念逐渐向前发展，虚拟机（VM）的概念被提出。使用

虚拟化技术可以在隔离的环境中同时执行一个或多个操作系统。完整的计算机（虚拟）实例可以在一个物理硬件内执行，而物理硬件又可以运行多个完全不同的操作系统。

从 20 世纪 70 年代到 20 世纪 90 年代，云计算所需的基础技术取得了许多进步。例如，计算机巨头国际商业机器公司（以下简称 IBM）在 1972 年发布了支持虚拟化的操作系统。20 世纪 90 年代，美国的一些电信公司开始提供虚拟专用网络（VPN）服务。

在那个年代，各个研究机构一直使用日益复杂且不断变化的大型计算机系统来处理数据，当时的大型计算机不仅体积巨大（一台计算机就要占据几个房间），而且价格昂贵得令人望而却步。因此当时很多机构采用"时间共享"的方法来提高计算机的利用率。通过对使用时间进行分配，让多个用户可以在不同时段连接到同一台大型计算机上工作，这不仅充分利用了硬件设备，还可以让那些无力购买大型计算机的小型企业、研究机构获得使用大型计算机的机会。这种可以共享计算的能力类似于现在"资源池"的概念，这也是构建"云"的基本前提。

前一节介绍了云计算的来历，使大家认识到云计算是随着计算机技术的发展、演进而产生出来的，但是并没有解释为什么云计算是最终的必然结果，即没有解释为什么这些技术发展到最后一定会出现云计算，这一节将从业务需求的角度来谈谈为什么会必然产生云计算这个服务。

1.2.1   从资源池化说起

前面介绍了计算机计算服务的演进过程，这一节开始说说服务器硬件和架构的变化。从技术架构变迁上看，服务器架构的变化可以分为 4 个阶段，分别是普通服务器阶段、小型机阶段、资源池化阶段和虚拟化容器阶段。

普通服务器阶段的服务器模型架构最为简单，一般只有一台服务器，安装操作系统并运行一些程序代码，维护工程师也只有一两个人，甚至在最早的时候，服务器上只运行着操作系统、数据库和程序逻辑代码等。这

种模式有一荣俱荣、一损俱损的特点，也就是俗话说的把鸡蛋都放到一个篮子里，这时候使篮子不翻掉就成了工作的重中之重，因为一旦篮子被打翻，所有服务都会停摆。

普通服务器阶段之后就进入了小型机阶段，小型机是一种服务器的类型，并不是个头比较小的计算机。当时有原 Sun 微系统公司（以下简称 Sun）的 Solaris 系统的机器（见图 1-4）、惠普研发有限合伙公司（以下简称 HP）的 UNIX 小型机，以及最畅销的 IBM 的 UNIX 小型机。这些小型机厂家使用定制硬件运行 UNIX 的定制修改版本，在上面运行一些单独的逻辑，也就是有了初步的分布式计算系统模型。同时小型机还具备了容灾、冷备的能力。通常是有两组服务器，分别放置在不同的机房，各自运行一半生产应用，极端情况下，实现应用切换，即一组服务器异常的情况下，切换至另一组服务器全量运行。

图 1-4

Sun 的 Solaris 小型机

小型机服务较为稳定，且看上去也有初步的分布式计算模型，为何后来逐渐被资源池化技术取代了呢？这还要从互联网行业的兴起说起，小型机价格相对昂贵，且服务的维护成本较高，互联网公司初创的时候由于资金原因，服务器通常采用的是开源免费的技术架构，如 LAMP 架构（Linux、Apache、MySQL、PHP），而非收费产品架构。

在服务器的选择上，昂贵的小型机并不是个好的选择。于是由互联网

公司开始的 x86 架构的服务器化对应用带来的影响巨大，这个领域以谷歌公司（以下简称谷歌）为代表的企业提供了很多分布式解决方案，同时开源开始大行其道，各家企业都开始在应用软件产品中使用开源。其中因为 x86 服务器化导致机器集群数量急剧上升，资源池虚拟化技术开始得到大规模应用。这个时期，运营商普遍都建立了 x86 服务器的资源池，划分虚拟化的机器供应用部署并支撑其运行。资源池虚拟化是打破计算资源底层机器限制并对资源重新分配单元的方式，为应用部署带来很大的灵活性。同时应用系统再也不用一开始就估算主机资源，预先采购，之后再去部署运行了。计算资源池化后，上层应用对底层计算机的加入没有感知，只需要按照虚拟化的方式分配计算资源即可。

资源池化技术发展到一定阶段后，虚拟化技术又有了进一步的提升，因为普通池化技术除了要运行程序逻辑之外还需要运行操作系统，这样一来虚拟化的成本就提升了，基于这一考虑，资源池化技术进行了一次技术升级，使用比操作系统更小的虚拟化容器进行服务的包装，这就好比去市场买鱼，以前的整机虚拟化技术是无论大小都要购买整条鱼，现在的办法则是可以根据用户需求售卖一小块鱼肉，且根据用户的口味会有各种定制的细分产品，如鱼肉、鱼腩、鱼鳔等。到了这一阶段，鱼身上的每部分都可以售卖且变得有价值。这就是虚拟化容器阶段的特点。

1.2.2　虚拟化是什么？

前面谈了很多虚拟化的内容，那么到底什么是虚拟化呢？可以这么说，虚拟化是利用一些组件（如网络组件、存储组件等）创建基于软件表现形式的过程。虚拟化是对硬件资源进行池化后的抽象概念，如图 1-5 所示，最下方是不同的硬件设备，通过虚拟化管理程序（Hypervisor）将其抽象为虚拟的硬件设备，在虚拟硬件上创建的计算机就是虚拟机（VM），工程师不再直接管理实际硬件，而是对虚拟机进行操作和管理。

虚拟化可以分为几种类型，最常见的是服务器虚拟化，它支持把服务器变成一个虚拟机的控制中心，在这些虚拟机上可以安装不同的操作系统，

也就是使一台服务器变成多台不同操作系统的服务器。其次是网络虚拟化，即在虚拟机内部设立一个局域网，专门用于虚拟机之间的通信，当然也可以和虚拟机之外的网络进行通信，在虚拟机内部应用程序不会感觉到自己运行在一台虚拟机上。第三种常见的虚拟化应用场景是桌面虚拟化，它实现了把桌面变成一种云上可访问的虚拟化资源，一般可以为企业的 IT 部门提供员工统一接入方案，在另外的一些场景中，这种虚拟化技术可以用于手机的测试，例如，虚拟化安卓手机用于执行各种有一定风险的测试工作等。

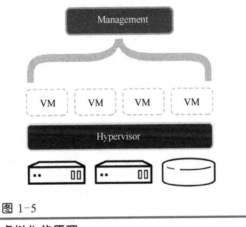

图 1-5

虚拟化的原理

使用虚拟化技术让计算机硬件的可用性得到大幅提升。也正是因为有了这种虚拟化技术，才可以最终完成把硬件服务打包卖给云服务供应商，再由云服务供应商卖给每个用户这一过程。需要注意的是，虽然虚拟化技术和云计算技术高度相关，很多云服务中会使用虚拟化技术作为后台的实现方案。但脱离了云服务，虚拟化技术也可以单独使用。

1.2.3　触手可及的宽带网络

家用互联网从 2014 年开始进入百兆时代，之后就是移动互联网的时代了。2015 年，阿里巴巴网络技术有限公司淘宝网（以下简称淘宝）在"双十一"的时候发现移动端用户访问数量已经远超桌面计算机。

移动互联网时代到来有两个最大的"功臣"，第一个是苹果公司（以下

简称苹果),第二个是高通公司(以下简称高通)。苹果公司率先推出了全触屏手机,这一设备是有划时代特性的,在这之前,广大手机厂商还在纠结到底是全尺寸键盘还是 9 键键盘好,屏幕是推拉隐藏好还是旋转隐藏好,如果一个没有经历过那个时代的人看到当时的手机,会感觉那是一个需要使用说明书和培训才能使用的科研仪器。苹果公司改变了这一切,从此以后各个手机厂商都推出了触屏手机,便捷的操作方式大大降低了使用门槛。当然,只有手机还是不够的,有了手机之后,移动互联网又成了一种必需,高通公司在 CDMA 技术的基础上开发了一个数字蜂巢式通信技术,第一个版本被规范为 IS-95 标准。后来开发的新产品包括 IS-2000 和 1x-EVDO。

高通公司曾开发和销售 CDMA 手机和 CDMA 基站设备,是全球二十大半导体厂商之一。作为一项新兴技术,CDMA、CDMA2000 风靡全球并占据了 20%的无线市场。截至 2012 年,全球 CDMA2000 用户超过 2.56 亿,遍布 70 个国家的 156 家运营商已经商用 3G CDMA 业务。包含高通授权 LICENSE 的苏州安可信通信技术有限公司在内,全球有数十家 OEM 厂商推出 EVDO 移动智能终端。由于它的存在,移动上网有了飞速发展,现在用户使用的 4G 网络速度已达百兆,即将到来的 5G 时代,移动互联网网络速度将达到千兆。这样一来,很多原来需要在移动设备上进行的计算工作都可以通过网络进行传输,把计算交给遥远的服务器来完成。5G 时代的另一个标志就是万物互联,所有设备都可以通过 5G 芯片高速连接到互联网上。表 1-1 展示了移动网络的代际发展。

表 1-1 移动网络的代际发展

技术换代	传输速度	网络制式
1G	5~9kbit/s	AMPS、NMT、TACS
2G	9.6~30kbit/s	GSM、CDMA、TDMA、PHS
2.5G+	20~130kbit/s	GPRS、HSCSD、EDGE、CDMA2000
3G	300~600kbit/s	WCDMA、CDMA2000
3.5G	3.1~73.5Mbit/s	HSDPA、HSUPA、UMTS TDD (TD-CDMA)、EV-DO Revision A、EV-DO Revision B
4G	100~1000Mbit/s	4G LTE
5G	最高可达 10Gbit/s	NR、TD-LTE、LTE FDD

1.2.4　技术的发展让云成为必然

在高速宽带的加持之下，用户可以方便地访问到各种数据，同时借助网络的力量把计算工作交给远在天边的服务器来完成，而资源池化和虚拟化又可以有效地调度和分配计算机的计算资源，让计算资源可以很好地被发挥出来。这样一来云时代终于到来了，云时代的计算机可以像水、电和煤气一样按需使用，通过互联网这个管道输送到任何需要的地方。

1.3　大话释云

前面的几节通过回顾历史背景，介绍了云计算的起源，了解了云计算产生的必然性，这一节来看看从不同用户角度是如何理解云计算的，通过这些用户的视角读者可以进一步深入认识云计算。

本节会以更加浅显易懂的文字来解释"什么是云"，使用最贴近生活的例子，为完全不具有专业背景的人解释什么是云计算。

1.3.1　如何向老板解释？

对于企业老板而言，云计算最大的价值在于其稳定、可靠的服务和相对低廉的价格。对于很多非 IT 专业的公司而言，保持一个庞大的 IT 信息运维团队是一件费力且不讨好的事情。由于一般的公司对于 IT 人员的管理毫无经验，如何招聘和考评一个 IT 经理会耗费大量的时间和精力。而一旦采用了云计算服务架构，所有的 IT 基础建设都可以通过云服务来解决。例如，公司如果需要数据库服务，那么是使用关系型数据库还是非关系型数据库，是否有大数据采集的需求，后续是否有扩容的需求都会是让老板抓狂的问题，而一旦采用了云计算技术，公司只需要知道自己有多少预算，大概会使用多久，剩下的问题由云服务商提供解决方案即可。由此一来，公司老板又可以回到自己最擅长的财务和成本计算工作中，从纷繁芜杂的专业

术语和专业技术中抽离出去了。使用云计算显然是一种事半功倍的、让更专业的人做更专业事情的双赢选择。

1.3.2　如何向厨师解释？

厨师也可以从云计算中获得帮助。他们可以从网上订购新鲜的食材，云计算帮助电商平台接单和配送。食材送达后，厨师也许需要计算一下食材的热量，基于云计算的配餐服务可以马上查到各种食材的热量，并且检索出这些食材最好的搭配方式，生成多个菜谱供厨师选择。厨师在烹饪过程中还可以通过网络直播来分享他的烹饪过程，网络直播是由云计算服务提供的视频的压缩和分发技术。当厨师完成当天的工作，汇总一天的食材消耗和收入时，云存储技术的电子账簿可以再一次为其提供帮助。从这里可以看出，云计算已经成为每个人生活的重要补充，而且在潜移默化中改变了人们的生活。

1.3.3　如何向小朋友解释？

"小明，你干嘛呢？"

"王叔叔啊，我在上课和写作业啊。"

"你现在怎么用 iPad 写作业啊？"

"现在我们老师都是在网上留作业，让我们用这个软件跟着做。我现在有个麻烦的事儿，眼看这个 iPad 就要没电了，可是作业还有一半多没完成，我怕前面做完的作业丢了。您看这个可怎么办？"

"你这个软件叫云课堂，你不用担心，你做完的作业已经在云上了，关了 iPad 换个计算机也可以接着做，没关系。"

"叔叔，什么叫云啊？"

"云就是在网上有个地方放着你用的这个软件，你现在打开的就是一个界面，你做的题啊，算的结果啊，老师的批改啊，都在那台机器上，等于你现在上课就像打电话，真正说话的不是这个 iPad，而是远处那个人。你换个电话一样可以拨过去接着说。"

"原来是这样，那我明白了，这个云课堂可真棒啊！"

1.4　为什么是亚马逊开创了云计算？

微软、谷歌和亚马逊公司（以下简称亚马逊）是全球最大的三家云供应商，其中最负盛名的是亚马逊的 AWS 云计算平台，它也是云计算商业化的鼻祖。对于很多不是 IT 行业的读者来说，前两家公司都耳熟能详，唯有亚马逊，很多时候给人的印象它仅仅是"美国的京东"，似乎一个做电商起家的公司是云服务供应商让人觉得有点不可思议，其实不是这样，在全球的云供应商里，目前做得最早、最大的是亚马逊。说到这里大家不禁要问，为什么是亚马逊呢？

回答这个问题，时间要回到 1995 年，1995 年亚马逊公司在网上卖出了第一本书，从这一刻开始，亚马逊就正式成为电商公司。作为一个电商公司，亚马逊从一开始就面临着毛利率低、成本压力大的零售业态。节省每一分钱成了它渗入骨髓的需求。云服务的初衷是构建廉价、可靠的大规模分布式系统（云端数据库），让一个任务被一大群服务器集群解决，然后汇总出最优的结果，最终提高效率。2006 年，亚马逊开始搭建云服务，包括了最核心的虚拟机 EC2、S3 存储和 SQS 队列服务。

第一步都是非常困难的，亚马逊云刚刚推出的时候面临着用户不信任的问题，毕竟把服务和数据放到别人家里，还指望人家帮你服务好又不偷窥你的数据，这怎么说也有点难以让人接受。于是在云业务上，亚马逊和谷歌时至今日都有免费试用计划，用户只需要注册即可获得免费使用时间。从 2009 年开始，许多美国政府部门（包括针对国家机关互联网服务商店 Apps.gov）也开始试水云计算，某种程度上算是为这种服务方式"站台""背书"。

2009～2011 年，世界级的供应商都无一例外地参与到云市场的竞争中。于是出现了第二梯队：IBM、VMware 公司（以下简称 VMware）、微软和

美国电话电报公司（以下简称 AT&T）。它们大都是传统的 IT 企业，由于云计算的出现不得不选择转型。

时至今日，国内的云服务商也都纷纷发力。云服务呈现了你追我赶的全面竞争趋势，产品内容也逐渐趋同。

1.5 自立门派，自成一行

随着亚马逊的 AWS 不断推出新的服务，云计算解决方案也日益成熟，越来越多的厂商开始进入这一领域并大力投资。在国内甚至出现了许多专门从事云服务的厂商（如北京青云科技发展有限公司），云计算领域的竞争格局开始呈现，各个厂商也开始针对企业级专业化场景提供高度完善和有针对性的功能，进而使得云计算从概念落地为技术，再发展成为一个专门的产业。

上一节介绍了亚马逊在云计算使用方面的创新和经验，这一节带领大家来看看其他 IT 巨头，包括国内的各大 IT 公司是如何发展并布局云计算的。

1.5.1 云服务商层出不穷

截至 2018 年年底，亚马逊云（AWS）、微软云、谷歌云、阿里云和 IBM 云这五大云服务商控制着公有云市场近 3/4 的份额。这其中阿里云实属后起之秀，根据财报显示，阿里云当季收入为人民币 56.67 亿元（约合 8.3 亿美元），较去年同期增长 90%。阿里云快速增长的动力来自高附加值产品、服务的收入组合及付费客户的强劲增长。全球范围内的情况则是亚马逊的云业务（AWS）同比增长 46%，达 66.8 亿美元，依然位列榜首。微软云、谷歌云和阿里云也在不断加速追赶 AWS，增长率再次远远超过全球云市场的平均增长率，因此市场份额均有所提升。云计算行业的集中度进一步提升。

虽然微软云、谷歌云和阿里云的增幅远高于 AWS，但它们合起来的份额仍小于 AWS，因此要追赶 AWS 并不容易。排名更靠后的中小企业要追

赶前几名更是难上加难。

所以目前云计算呈现出一种一家独大、多家追随、遍地开花的局面。一家独大的亚马逊看起来在很长一段时间内依然是云计算的领军企业。追随的几家公司似乎需要寻求一个突破的场景，其中谷歌提供了 G Suite，希望在办公云平台上有所斩获；IBM 开始转投开源的产品框架，并率先涉足区块链领域的超级账本项目，希望借此有所突破。

1.5.2 云计算产业在国内高速发展

放眼世界，云计算已经成为工业智能升级背后的基础设施。云计算虽然是由美国科技公司发明的，但到下个十年末，它却可能成为中国科技公司的主导领域。

中国一直在积极推动云计算产业的发展。自 2015 年国家推出"互联网+"的战略以来，云计算、大数据和物联网的整合就已成为帮助制造业和其他产业现代化的重要战略举措。随着越来越多传统企业 IT 基础设施的不断升级，国内云计算的产业规模、从业人数都在快速增长。最好的例子可能是阿里巴巴网络技术有限公司（以下简称阿里巴巴）的云计算大会，在 2018 年 9 月，该会议吸引了来自国内外约 12 万人参加（见图 1-6），与亚马逊同年在美国拉斯维加斯的约 5 万人现场相比，阿里巴巴云计算大会的规模着实大了许多。

图 1-6

杭州阿里云栖大会的现场

中国云市场由本土企业主导，阿里巴巴是国内最早开展云计算业务的企业，在 2009 年便推出了云服务。华为技术有限公司（以下简称华为）、深圳市腾讯计算机系统有限公司（以下简称腾讯）、北京百度网讯科技有限公司（以下简称百度）和中国电信集团有限公司（以下简称中国电信）等公司都在加速扩展自己的云计算服务规模。

据 IDC 的数据显示，2018 年阿里云占据国内公有云市场 42%的份额，其次是腾讯云（12%）、中国电信（9%），AWS 在国内的市场份额仅为 6%。2019 年上半年，中国的云基础设施和软件市场总额达到了 54 亿美元。

而根据 2019 年国务院发展研究中心（DRC）发布的白皮书，预测到 2023 年，国内的云计算产业规模将超过 3000 亿元，比 2018 年的 962.8 亿元增长两倍多，而且在 5 年内，将有超过 60%的企业和政府机构的日常运营会依赖云计算。

1.5.3 技术采纳和普及规律

1962 年，美国社会学家罗杰斯在对农村中新事物的采纳和普及过程进行深入调查的基础上，发表了研究报告《创新与普及》，不仅补充修正了两级传播、发展了多级传播模式，还提出了关于新事物传播的重要理论——创新扩散理论。这一理论的精髓就是在创新过程中会把事务分成 5 个阶段。

- 了解阶段：接触新技术、新事物，但知之甚少。
- 兴趣阶段：发生兴趣并寻求更多的信息。
- 评价阶段：联系自身需求，考虑是否采纳。
- 试用阶段：观察是否适合自己的情况。
- 采纳阶段：决定在大范围内实施。

另一个著名的理论是技术采纳曲线（见图 1-7），最早接受新技术的创新者和早期采纳者永远只是一小部分，随着越来越多的人接受，新技术的整体市场份额也日益增加。

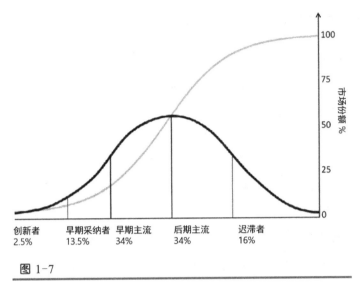

创新者
2.5%

早期采纳者
13.5%

早期主流
34%

后期主流
34%

迟滞者
16%

图 1-7

技术采纳曲线

云计算的发展也完全符合这个规律，在云计算刚刚产生时，很多人将其理解为卖硬件的一种新模式，认为只是硬件厂商打算把零售业务变成批发业务了。随着各种云计算支撑的手机应用的逐渐普及，人们开始对云计算充满了各种憧憬，几乎所有人都在谈云计算的未来有多么美好、可穿戴设备很快就会成为人们生活的一部分，然而实际上在谷歌眼镜推出之后的很长一段时间里都没有太多实际项目，于是云计算进入了评价期。此时厂商们开始推出一些简单且易于理解的云服务，比如把计算机桌面搬到云上的云桌面。这种使用体验和传统应用没有太大差别的产品让用户开始尝试接受，此时就进入了试用阶段。像所有产品推广的方法一样，云服务商使用了免费试用的方法兜售这些基于云服务的产品。这些产品也逐渐为用户所接受，用户开始习惯使用云盘来保存和分享文件，使用在线的文字编辑系统处理工作，以及使用在线观看电影的方法代替之前的下载方式。这时云计算进入了采纳阶段。每个云服务商开始考虑在自己专有的领域投入，最终逐渐成为生活的重要辅助和组成内容。

1.5.4　云计算对 IT 行业职场产生的影响

云计算对 IT 行业的职场技能会有新的要求，这些影响会突出体现在两个方面：第一个方面是对从业者综合能力的要求提高了；第二个方面是会对一些岗位形成降维打击。

先来谈谈第一个方面。在云计算开始普及之前，开发人员、测试人员和运维人员是完全分开的角色，开发人员一般会在程序代码管理版本库中提供最终交付代码；测试人员（区别于开发人员的独立的角色）会对代码进行测试；最后运维人员会尝试将代码放到生产环境中进行发布。由于三种角色的用户都有自己的使用习惯和配置环境，所以经常会出现运维人员交付之后发现运行有错误，而找到开发人员，开发人员却说自己这里是没问题的，这时就会产生代码责任不清楚的推诿问题。产生问题的原因是多方面的，但是云计算对解决这种问题有非常好的效果，通过使用云计算技术，开发人员、测试人员及运维人员都使用一致的云服务器环境进行开发、测试及最终部署，这个流程进一步发展成了开发人员自己进行测试，自己发布虚拟化容器作为构建件进行最终部署。于是一种开发模式诞生了，这种名为 DevOps 的模式就是开发人员、测试人员和运维人员结合的新角色，开发人员对代码的所有情况负责到底，从实际工作经验上看，这种新模式有效地提高了发布效率，且更好地控制了软件产品的质量。这就是云计算为 IT 岗位角色带来的第一个变化。

第二个影响是对一些岗位有降维打击，比如数据库管理员这个角色，在没有云服务之前数据库管理员的角色是非常重要的，因为彼时企业数据库一般都是一个大型服务器的解决方案，保证数据稳定、可靠和可用是数据库管理员最重要的工作，一个 Oracle 数据库的资深管理员是非常有价值的。但是随着云服务的出现，越来越多的企业开始考虑把数据存储在云上。随着云计算技术的不断提升，云服务架构的存储成本不断降低，越来越少的企业还保有自己的数据中心，于是很多数据库管理员就

不再被需要了。不过云服务在为技术提升的同时，也提供了很多新的培训和岗位，如基于云服务的认证工程师可以对企业使用云服务进行规划和认证，数据库管理员也可以加强学习，了解云时代的数据库架构，乃至于转向大数据存储结构。云时代的降维打击是针对落后技术的，而并非针对人的，只要持有开放心态，不断加强学习，任何人都可以跟上云时代的步伐。

第 2 章

云，价值何在

2.1 商业炒作？还是技术创新？

从云计算诞生起，对云计算的各种质疑就一直存在，很多人认为云计算只是一个商业噱头，并没有真正的创新和价值。对于任何一种新技术和新产品，在听到正面肯定的同时，存在一些负面评价也是必然的。尤其是服务器上的虚拟化技术在十几年前就已经出现，大规模网络、自动化运维也早已被长期实践，因此云计算背后的技术看起来也并不新鲜。从这一点来说，很多批评者认为云计算本身更像是一场概念炒作，而不是技术创新也不无道理。

显然，云计算并不是一项新的发明，要讨论其创新性，除了技术改进，还需要从商业角度获得不同的阐述。毕竟，只有被真正使用的技术才是有价值的。因此，这一节将要介绍云计算的商业模型与价值，从不同角度介绍云计算的实际使用情况，通过介绍云计算与云计算之前服务器租赁模型的区别让大家更好地了解云计算的价值。对于云计算是否属于创新，相信读者在读完本节后心里会有自己的答案。

2.1.1 新瓶装旧酒？

对于云计算的一个常见观点是，这不就是很多年前的 NC 概念吗？NC又叫作网络计算机，是 1995 年就出现的技术。网络计算机通过使用远程显示协议运行多用户 Windows 2000 Server 系统的客户端设备。它的工作原理是：客户端和服务器通过 TCP/IP 和标准的局域网连接，网络计算机作为客户端将其鼠标、键盘的输入传递到服务器处理，服务器再把处理结果传递回客户端显示。众多的客户端可以同时登录到服务器上，仿佛同时在服务器上工作一样，它们之间的工作是相互隔离的。需要注意的是，这时候的网络计算机不具备各种资源池化管理系统，本质上还是用局域网在一个计算机上打开了多个虚拟桌面。和云计算技术相比，无论是在技术基础还是实现方法上都有非常大的不同。这两者最大的不同就是实现技术，NC 技

术的实现需要一台装有 Windows 操作系统的计算机，而且所有的计算资源和内存资源本质上并没有任何隔离，都是共享的。换言之，如果一个用户感染了计算机病毒，或者做了对操作系统破坏性很大的操作，那么所有用户都会失去继续工作的可能性。云计算技术是基于虚拟化的，可以控制对资源的访问粒度，比如每个用户可以使用的 CPU 内核数量，最大的内存占用等，且所有用户之间是完全隔离的，这样即便出现什么问题，也只是使用者本人的计算机受到损坏，对其他用户和整个虚拟化平台毫无影响。

2.1.2 与服务器租赁有什么不同？

云计算第二个经常被人问起的问题就是它和服务器租赁有什么不同？要回答这个问题需要看到今天云计算的发展情况。应该说早期的云计算就是基于服务器租赁之上的虚拟化主机管理，如果云计算只提供这个内容，那么它和服务器租赁就没有本质的区别。但是今天的云计算技术已经完全不同了。服务器租赁业务提供的只是一个硬件的底层服务，就像一个厨师想做饭，服务器租赁会给你提供新鲜的食材，但是并不会给你烹饪好的饭菜。云计算服务则会有完全不同的内容。云计算服务中基础设施即服务（Infrastucture as a Service，IaaS）会给你提供基础建设组件，这种模式下可以采用云服务获得开箱即用的虚拟化硬件服务器和虚拟化网络，这也是云服务最类似于服务器租赁的模式。云计算还提供了平台即服务（Plat form as a Service，PaaS）的平台服务模式，此模式比服务器租赁所提供的服务要更精细化，平台服务云模式可以直接提供安装好的操作系统以及部署在操作系统上的软件，这样一来开发者就可以真正做到开箱即用，只要租用服务马上可以快速地开发和部署应用程序。除了 IaaS 和 PaaS 之外，云计算还提供了软件即服务（Software as a Service，SaaS）模式，这种软件服务模式直接在云上提供软件服务，比如百度云盘、网易云音乐等都是这种模式的产品。如果说服务器租赁是买食材来做饭的话，那么 PaaS 就类似于买来半成品材料，只要一加热就可以食用了，而 SaaS 则像去饭馆吃饭一样方便。

综上可以看出，云计算是晚于服务器租赁出现的技术，涵盖的内容也远远超过服务器租赁的范畴。云计算利用了各种已有技术，在一个重要的时间点上将所有技术合而为一，让这些技术可以创新性地结合在一起。对于许多企业来说，云的创新更多的是其规模经济性、更好的运营管理，以及 PaaS 独有的可用性和易用性。云平台的出现使软件与基础架构层之间的集成变得更加容易，这种创新不是围绕基础架构或特定技术而言，而是为各种电子商务、在线服务和移动应用打开了大门，它已成为生产力的助推器，让世界变得更加扁平，云上的各类服务对于任何规模的企业都触手可及。

云计算颠覆性的"按需使用、按用量付费"的计价模型、高可扩展性和可访问性，对企业甚至对社会和经济都具有非同寻常的意义。

2.2　数据中心对云的意义

数据中心就是企业集中存放数据的地方。很多情况下，一说到数据中心，大家脑子里都是《黑客帝国》这一类科幻电影里的机房情景，一排排整齐的机架上放着很多黑色的服务器，闪烁着绿色的灯。其实数据中心的建设是个复杂的系统工程，真正的数据中心也没有电影里那么炫酷，一个数据中心最重大的意义并不是把数据集中到一起，而是如何保证数据"高可用"地放在一起。"高可用"是一个术语，意思是任何时候都能用，这是数据中心最为重要的指标。为了这个"高可用"，行业内提出了很多新概念，如双机热备、异地多活等。

说来其实很简单，双机热备就是两台机器互为主备，同步保存一样的数据，其中一台出现故障另一台可以第一时间接替它继续服务；异地多活则是多台计算机通过网络连接在一起，其中一台出现故障另一台则可以马上接替它继续服务。但说起来容易做起来难，大公司为了实现双机热备和异地多活要耗费很多时间、精力和金钱，所以今天除了少数特殊应用场所，

如国家安全要求或者企业数据特别敏感，一般都是用云计算的办法来实现数据中心。所谓云计算的办法就是把数据存储的工作交给云计算供应商，不同的云计算供应商提供不同的解决方案，有的供应商提供很多热备的数据库服务器，有的供应商按照不同数据类型提供不同的数据存储接口，这样一来数据的安全性、可靠性和可用性都交给了云计算服务商来解决。

云计算中的数据存储服务目前也非常重要，因为有了云计算服务，数据存储服务本身的成本降低很多，这样才使得广大有数据存储需求的公司有能力使用，并且积累的大量数据为这以后的数据挖掘工作和人工智能机器学习提供了丰富的样本。当然，随着不断膨胀的需求，云计算的数据存储又面临两个重要的挑战，分别是不断扩张的数据规模和不断创新的硬件体系。

这一节将谈一谈云计算中非常重要的部分——数据中心。下面不但要介绍数据中心的主要功能和工作方式，还会着重阐述其商业价值，并结合当前的市场趋势让大家了解它的多项用途。

2.2.1　不断扩张的规模

云计算数据中心更加强调与 IT 系统的协同优化，而传统数据中心常与 IT 系统相互割裂，更多强调机房的可靠性和安全性，两者在运行效率、服务类型、资源分配和收费模式等方面均存在较大的差异。

传统 IDC 机房模式的扩容成本很高，尤其是企业自建的数据中心和机房，硬件升级和软件升级本身都需要耗费大量的人力、物力，且终端业务也会有相应的风险。使用云计算后这些问题很容易得到解决。因为云计算服务商会针对这些问题提供非常有经验的实施方案，且会有条不紊地帮助企业实施，可以说云计算对于不断扩展的 IT 需求有巨大的助力前景。这方面全球范围内最典型的案例就是 Netflix 公司，它通过 AWS 云的助力在几年之内成长为全球顶尖的在线视频流服务提供商之一，而且 Netflix 最终彻底放弃了自建的数据中心，将其庞大的服务放到了云上，如果没有云服务的帮助，这种快速扩张和高性能是无法想象的。关于 Netflix 成长的故事，

后面的章节还会详细介绍。

2.2.2　不断创新的硬件体系

鉴于云中心的特殊需求，其特有的硬件体系也发挥了重要的作用。其硬件体系具有智能化的新趋势。

云服务中的硬件是云服务体系的基础，但是面对高速发展的需求，云服务也要提供更丰富的解决方案，这些方案包括存储技术和网络技术等。

云时代对硬件的另一个要求就是硬件服务智能化，即硬件服务本身可以提供随需应变、自动运维、移动运维和即插即用等服务。

- 随需应变就是要求硬件的高可定制化可以根据云服务的需求变换自己的服务能力和特长，尤其是可以根据不同的服务场合提供不同的服务内容，这方面目前很多云服务都已经在尝试，比如物联网云服务、区块链云服务等。
- 自动运维是指出现问题后自动解决和上报问题，这些动作不但可以做到自动化，还可以根据场景进行分析和需求提升，最终做到智能化，这一点目前很多云服务厂商已经提出了解决方案。
- 移动运维是针对云服务的运维特点提出的需求，这要求云服务保证运维人员可以在任何时候通过移动网络和移动设备对云设备进行维护和升级。
- 即插即用是云服务的另一个发展趋势，要求其硬件架构可以对新型设备进行无缝融合和接入。

2.3　性能！最重要的还是性能！

如果说云计算除了存储之外还有什么更大的突破，那就是集中的计算性能引起的从量变到质变的性能突破。很多人都知道 DeepMind 公司的 AlphaGo 击败了世界上最强的两个围棋选手李世石和柯洁，但是很少有人

知道除了出神入化的深度学习算法之外，AlphaGo 最依赖的其实是云计算所提供的高速计算。那么云计算的速度到底有多快？这种速度又给用户的使用带来了哪些意义呢？下面从更高、更快、更强三个方面来看看。

2.3.1　更高的规格

在云计算诞生之前，企业处理能力的上限是可预见的。这和企业硬件水平有绝对的关系，由于整个硬件行业在很长的时间内都受到摩尔定律的支配，因此可以预见硬件不断贬值的同时，计算速度却在飞速提升。这使得企业很难在初期就在硬件上做大手笔的一次性投资，毕竟这是随着时间不断贬值的资产。

但是有限的投资会让企业很长时间内受限于硬件。近十年移动互联网的发展让人们看到了一个崭新的 IT 世界，数据的大量增长、移动互联网带来的大量客户，以及各种平台加入带来的互联网行业成本的降低，都使对计算的需求出现井喷。这时那些基于单台服务器或者自建服务器集群模型的企业为自己信息化建设中遇到的资源限制而捉襟见肘。笔者还记得在移动互联网蓬勃发展的初期，笔者曾为很多企业提供了数据库性能调优和架构重组的服务，那时似乎所有企业都会面临因前期规划不足导致的资源限制问题。

云服务非常好地解决了这个问题，以全球第一家云服务供应商亚马逊的 AWS 为例，用户一旦在设置服务时打开了 AWS 自动扩容（Auto Scaling），就再也不需要为服务资源不足而担心了。AWS 的自动扩容功能可以自动监控应用服务的运行情况，并根据服务当前的负载情况自动扩容，从而在可控成本下保持稳定且可预测的执行性能。这一服务有 4 个明显的优势：第一个优势是单一的服务管理平台不需要为每个服务都考虑扩容和监控的问题，只要在一个管理地点进行预先设置即可完成服务的自动升级扩容，十分便捷；第二个优势就是扩容动作本身并不盲目，当服务运行于云上时，云服务中心可以比较容易地知道服务本身的运行特点，从而更加有的放矢地制定扩容策略，这一点可能比企业内的扩容还要智能；第三个优势是可

以自动保持预先设定的性能。对于扩容动作而言，保持服务稳定在一个可靠的指标是非常重要的，因为扩容本身需要进行网络层面和服务器部署的相关跳帧，如果稍有差池就会导致服务暂时中断。另一个问题是有时服务请求数量下降但服务节点并没有减少，这样也有可能造成服务的体验感下降。AWS 的自动扩容良好地解决了这两个问题，它保证了服务性能稳定在一个可靠的指标；第四个优势是按需求付费，这一点更体现出了云计算的优势，不但服务的上限高出很多，而且可以根据实际需求减少服务节点的数量，从而节省了成本。

2.3.2　更快的速度

随着海量数据的出现，大数据存储和分析开始逐渐成为企业的必备技能。一般的企业在面对海量数据的时候容易手足无措，因为在大数据技术出现之前，即使最强的企业信息化平台使用的数据库在面对海量数据时也显得无能为力。

云计算服务有效地解决了这个问题，这里以微软的 Azure 云提供的 Azure SQL 为例进行说明。Azure SQL DataBase 是运行于云端的数据库服务，和 SQL Server 的基本功能很像，但是借助于云服务，其可以提供更快的处理能力。根据微软自己的说法，这样的能力包括以下几个明显的好处：第一个好处是内存联机事务处理可以提升吞吐量并降低事务处理延迟，这也意味可以同时响应更多的连接请求并使用更短的响应时间；第二个好处是聚集列存储索引可以减少存储占用，并提升报表和分析的性能。这一点是说明在节省计算资源上会有较好的表现，进一步说明可以降低使用费用；第三个好处是用于混合事务分析处理的非聚集列存储索引可以让用户直接查询数据库以获得实时的业务数据。这一点体现了云服务的整合能力，在使用云上数据库之前这种跨业务的整合需要使用 ETL，即通过数据抽取清洗服务才能进行转换；第四个好处是用户可以将内联事务处理和列存储索引结合到一起，这一点使其可以更快速地为用户提供数据库查询的性能，让用户有更好的体验。在这方面微软还演示了一个例子，模拟了 100

万台电表同时向数据库发送用电信息的场景，云数据库比普通本地数据库的 CPU 占用率降低了 10.47%，Log IO 占用降低了 34%。

由此可见，基于云的服务比传统服务具有更大的速度优势。

2.3.3 更强的服务

除了大大提升了性能之外，云计算还有一个明显的优势就是提升了稳定性。其中最知名的案例就是阿里云为"双十一"抢购所提供的服务。

每年"双十一"这一天都会有成千上万的商家为在线平台提供折扣商品，同时也有数以亿计的消费者在线购物。2019 年天猫"双十一"创下了全天 4101 亿 GMV 的数字奇迹，零点交易峰值比往年提升 30.5%，各项指标均创下历史新高。这样庞大的交易量面临巨大挑战：首先要从内核到业务层保障所有基础设施必须绝对稳定；其次是阿里作为一家技术进取心非常强的公司，在不断尝试大量新技术（如规模化混部演进），这可能给企业带来一定的不确定性；第三个挑战是在保证业务稳定的同时要以较低的成本来满足系统的需求。为此阿里云提供了 4 个应对技术方案，分别是全生命周期业务集群管控、无缝对接容量模型、规模化资源编排和自动化业务回归。通过使用这 4 个方案，企业最终满足了复杂的业务需求，为阿里巴巴在"双十一"购物节取得巨大成功打下了坚实的基础。

综上所述，云计算在更高、更快和更强 3 个方面为企业进行了保驾护航，企业使用云服务势必事半功倍。

2.4 不断提升的安全性

随着云计算技术的使用越来越广泛，云计算技术所提供的服务领域也涵盖了金融、政务及教育等多个方面，由此云计算面临的安全风险也日益加剧。

云计算的风险涵盖以下几个方面。首先是云计算面临信息泄露的风险。

由于云计算是在互联网上进行，它势必要面对来自全球网络的各种访问，考虑到全球网络的复杂程度和攻击者的数量，可以说云服务随时面临被攻击的可能，而攻击者通常的攻击方法是通过入侵云服务的数据中心来获得相应的数据，毕竟在当前这个大数据时代，数据是最有价值的财富。如果从价值来分，数据可以分为三类。第一类数据称为基本信息数据，一般包括用户的真实身份，比如姓名、性别、联系方式和身份证号等。第二类数据称为社会关系数据，即用户在当前社交平台或者应用中的联系信息，包括和哪个用户关系紧密，又和哪个用户关系相对疏远。第三类用户信息被称为用户财富指标，包括用户的个人财富情况和用户的健康情况，这类数据的敏感度最高。三类数据应分别属于不同的数据层次，在云服务中最被攻击者觊觎的就是这三类数据，而云服务商应该重点加以保护的也是这三类数据。

除了信息泄露的风险之外，目前云服务最常见的安全风险是勒索攻击风险。攻击者通过使用某些网络技术入侵云服务主机，使其无法继续使用，并提供有偿的解锁服务。这是近些年云服务商面临的另外一种挑战。

鉴于目前的两种挑战，云服务势必将安全作为重中之重来进行考虑，针对各种常见的攻击和安全风险，云服务可以从以下两个角度来进行防护，分别是物理隔离和租户隔离。

2.4.1　物理隔离

物理隔离是最为严格的安全机制。基本策略就是把云服务建立在一个很安全的独立网络环境里，让它和其他云服务隔离开，这方面主要使用的办法是网络隔离和机房安防隔离。

网络隔离是指云服务使用独立的专线网络进行数据通信，云服务和云服务的使用者自己拥有完全独立的安全网络环境。在实现技术上通常可以使用点对点专线技术。实际工程使用中，纯粹的私有物理网络造价是比较昂贵的，所以也有一些企业使用虚拟专用网络服务的方法进行这种隔离，即在公用网络上使用某种网络协议对云服务之间的访问进行加密，这样一

来云服务和云服务之间的访问虽然是在公共网络上进行的，但是内容依然是无法被篡改和截获的。除了物理层的网络隔离之外，很多时候 IDC 机房本身的安防也是常常被人诟病。很多机房疏于管理，人员进出随意。虽然攻击者未必有电影里职业特工的身手，但是对于疏于管理的机房，别有用心者大摇大摆进入之后使用 U 盘解锁服务器并进行攻击的事情还是屡有发生，所以使用单独的机房也是提高云服务安全性的一种常见手段。

2.4.2 租户隔离

租户隔离是安全手段中的另一个非常奏效的手段。云服务好比是一个房子给几个租户一起用，租户里如果有人别有用心偷听其他人的谈话，甚至偷别人的东西，那么这个房子就不太安全了。租户隔离就是给每个租户加个门锁，大家都只在自己的屋子里活动，不能互相串门，这样一来就大大降低了安全风险。

在云服务中租户隔离的动作就是在一个云主机上构造每个云服务之间的防火墙，使其网络上不能互通，最好彼此无法感知对方的存在。这一技术说起来容易，实现起来需要做到三个层次。

首先是 CPU 使用的严格隔离。一般的云主机都可以完全做到，因为每个云主机都是独立的操作系统，应用程序突破操作系统已经非常困难，超出操作系统去攻击别人更是难上加难。但是也有一种拒绝服务攻击利用共享 CPU 这一特性，人为地在一个主机内不断制造复杂的计算请求，希望以此来申请更多的 CPU 使用，达到拖慢整个系统的目的。这是尤其需要注意的问题。高级的云服务通过拒绝共享 CPU 时间来避免这一问题。

其次是内存隔离。尽管每个云主机被分配了固定的内存，通过构造更多内存请求来拖慢系统的图谋通常不能实现，不过部分攻击者还是会构造出复杂的操作，绕过虚拟机的管理平台尝试对其他主机进行扫描和入侵，所以对内存使用的限制和隔离也是非常必要的。

最后是网络隔离。有些云服务主机为了成本上的考虑将某一类的云主机使用一个局域网进行管理，这样就给了别有用心的攻击者以可乘之机，

攻击者会通过扫描本网段可用主机及主机可用端口的方式迅速了解到云服务主机的情况，从而尝试对已经开放的服务进行攻击。这是需要重点留意的。

综上所述，物理隔离和租户隔离是解决云服务主机安全隐患的主要手段，当然，安全从来不是用一种技术就可以完全解决的问题，而是一个全面系统的工程。所以除去以上的技术手段之外，对云服务内容的审计和监控、流程的设计与攻击灾备演练等管理技能也非常必要。

2.5　越来越灵活开放的云计算应用模型

云计算自问世以来就在不断考虑如何更好地满足用户的需求。可以说云计算是技术与业务的最佳实践场景，借助云计算的力量，用户可以轻而易举地获取更加快速、便捷的服务，同时，借助技术的进步，云计算也会给用户提供一些此前从未想到过的应用场景和尝试。下面将介绍云服务和业务结合的场景应用模型。

2.5.1　天生万物，始于 IaaS

IaaS 是一切云服务的基础，仅从名字上看似乎无法知道什么是基础设施即服务，为了便于大家的理解，这里用一个通俗的例子来解释一下。假如想吃松鼠桂鱼，那么首先要进行捕鱼活动，捕到鱼后再去炊具上烹饪，经过煎炒烹炸，就可以吃鱼了。这种从捕鱼开始，完全自主完成的行为在 IT 行业中被称为自主部署行为。自主部署的可控性比较高，当然成本也高，而且灵活度不足，建成一套流程后只能吃松鼠桂鱼，松鼠桂鱼虽然好吃，天天吃也是受不了的。于是人们希望有更加灵活的使用方式。这次选择购买鱼来进行烹饪，这时候依然保留了炊具和煎炒烹炸的各种技艺，但是捕鱼的操作委托给了专业的团队。这样一来，节省了很多成本，而且下次想吃别的东西，可以直接叫另外的团队送食材过来。这样的方式就称为 IaaS，

在这种模式中,买了鱼来自己做就好比在云服务中把硬件外包给其他公司,自己只在这个硬件上进行加工,IaaS 的供应商会提供服务器的计算单元、网络结构,以及存储服务,用户对其进行租用,节省了大量的采购和配置成本,从而达到节省企业硬件采购成本的目的。

2.5.2　抽象化整合的 PaaS

PaaS 则是比较灵活的云服务,为云服务提供从抽象到整合的能力。这里继续以松鼠桂鱼的例子来解释。IaaS 中以买来的鱼来进行加工,但这样还是需要自己烹饪,而且最后鱼的味道如何和烹饪师傅的水平有关,如果烹饪师傅的心情不好或水平不高,那么尽管送来的鱼很好,但依然不能做出好吃的松鼠桂鱼。既然是这样的情况,我们不得不想一个更好的办法,于是拿起手机直接点一份米其林三星餐厅的松鼠桂鱼好了。在这种场景下,松鼠桂鱼是已经烹饪好的,我们只需要把它摆上餐桌就可以享用了。PaaS 就是这样的情况,在这种场景中,不但硬件是由云服务提供的,甚至硬件上的所有的产品也是平台封装好的,这样就实现了从云主机到整合的云服务的变化,而这种变化最终呈现给用户的是一个几乎可以即开即用的产品。PaaS 一般提供虚拟机和各种应用服务,同时还提供这些服务之间的快速整合方式,既节省了在硬件上的费用,也让分散的工作室之间的合作变得更加紧密、更加容易。

2.5.3　更进一步,灵活易用的 SaaS

到了 SaaS 这一层,云服务就更加贴近人们的生活了。什么是软件即服务呢?还是以刚刚说过的松鼠桂鱼为例说明。如果我们这次连外卖都不点,直接去外面的饭馆吃,那就是 SaaS 了。在这里要说一下直接去餐馆和点外卖的不同,点外卖还是需要做些摆盘和餐具准备一类的工作才能吃到鱼的,而去餐馆吃则是进入餐馆即可食用,完全不需要做任何的准备。这也是 SaaS 和 PaaS 的主要区别。SaaS 将所有的服务整合打包后直接提供给最终消费者,用户不需要具备任何 IT 技能就可以享受到服务,在线看电影的爱

奇艺、存储文件的百度云盘都是非常常见的 SaaS 服务。

2.5.4　其他云计算服务模型

以上是最常见的三种云服务模型，也是人们生活中息息相关的主要云应用模型。不过随着 IT 技术的日新月异，云服务也开始与时俱进地提供了一些更契合各种应用场景的服务模式。这里介绍两个最新的云服务模型架构。

一个是"无服务器（Serverless）"架构和它的实现方式功能即服务（Function as a Service，FaaS），这是亚马逊云最新推出的一个概念，应该说代表了云服务的一种新潮流。在前面的云服务模型架构中可以看到，常见的云服务模型或者是租用给用户硬件，或者是租用给用户平台，甚至最终把软件直接以云的形式呈现给用户。但是随着架构的发展变化，服务器端架构开始出现了一种不同以往的部署方式——微服务架构。所谓微服务架构，简单地说就是把原来单一服务拆散成很多更细小的服务，比如一个用户注册信息的服务，可以拆散成验证用户身份服务、用户信息录入服务，以及后台建立用户档案服务等多个服务。这种拆分可以让每个服务更专注于自己的功能，用软件工程的术语叫作"高内聚、低耦合"。针对这种微服务架构，软件服务的部署方式也产生了变化，之前基于云主机的部署方式显得略为粗糙，大部分的微服务架构使用更细小的运行粒度来进行服务的划分和治理，比如使用虚拟化容器来进行服务的部署，这样一来可以更充分地利用资源。基于这种设计理念，云服务商也推出了对应的基于虚拟化容器的部署方式，这就是最早的 Serverless 模型。这种基于虚拟化容器的部署方式有什么好处？为什么叫作无服务模型呢？这种微服务架构的好处就是可以更精细地计算使用的云服务数量，把云服务花钱的计量单位由虚拟机变成虚拟化容器，这就相当于在 IaaS 和 PaaS 时代每次最低消费一块钱，而到了虚拟化容器时代可以一分一分来花钱，这样看起来可以过得更精打细算。此外，亚马逊公司敏锐地注意到常见的微服务模块功能具有趋同性，于是干脆建立了一些通用的云服务模块给广大用户使用。这就是所

谓的 Serverless 模型。

另一个是区块链即服务（Blockchain as a Service，BaaS）。区块链是最近几年非常热门的话题，区块链本质是上一种分布式的记账系统。除了任何人都可以加入的公共区块链项目之外，还有另一种由指定人群加入和使用的区块链项目，我们称之为联盟链。云服务和联盟链可以进行较好的整合。IBM 公司力推了名为超级账本的联盟链项目，这一项目可以使用云服务作为它的存储后台和运算节点。目前 IBM 的蓝云、微软的 Azure 和亚马逊公司的 AWS 都支持这种 BaaS 平台。

综上可知，云服务的通用模型不但可以满足当前的使用场景，还会随着未来的发展变得更加丰富，相信随着量子计算和人工智能技术的进步，人们会看到更多丰富多彩的云服务架构。

2.6 数字化转型的有力推手

云服务为企业转型提供了很多帮助，但是云服务的类型有很多，到底什么样的云服务适合什么样的企业，这里简单地介绍一下。

2.6.1 实惠好用的公有云

公有云也就是任何人都可以在网上租用到的服务，当前企业使用的云服务中以公有云服务最为常见。2019 年，公有云服务的竞争进入白热化阶段，国内有四类常见的公有云服务供应商，分别是传统的互联网接入服务运营商、大型的互联网企业、专业的互联网设备供应商，以及部分转型的 IDC 机房的运营者。第一类互联网接入服务运营商主要包括中国联合网络通信集团有限公司（以下简称中国联通）、中国移动通信集团有限公司（以下简称中国移动）和中国电信。第二类互联网企业的代表是腾讯和阿里巴巴等。第三类互联网设备供应商的典型代表是华为云。第四类则是北京世纪互联宽带数据中心有限公司（以下简称世纪互联）这种转型 IDC 机房的运营者。由于竞争日趋白热化，公有云服务也由最开始的拼价格，转为拼

品质和服务定制化。

使用公有云对于企业有几个明显的好处。首先是节省了企业的IT运维成本，将数据中心部署到云上可以大大降低安全入侵和数据丢失的风险，节省大量的人力成本和运维管理成本。其次是由于数据在公有云上，这意味着该服务可在广泛范围内被访问，即一旦服务上云就意味着企业的服务内容在整个互联网都可以被使用。第三个优势是数据共享，在很久以前有这样一个笑话，一个公司的IT运维人员跟老板汇报说："张总实在是对不起，您在家里计算机复制的内容无法在单位计算机上粘贴，多贵的计算机都不行。"现在听这个笑话大概已经没有人会觉得好笑了。因为基于云服务确实可以实现在一台计算机上复制在另一台上粘贴的操作，甚至可以实现在手机上复制在计算机上粘贴的操作。公有云最后一个优势是开放性带来无限可能，由于公有云服务商会随着技术进步不断提升服务内容，所以很多时候公有云服务可能会因为技术发展或者应用场景更新提出一些用户尚未想到的需求，这也是云服务的一个魅力所在，它不但可以满足用户当下的需求，甚至可能走在用户需求的前头。

2.6.2　私家定制私有云

和公有云不同的另一种云服务方式是私有云。私有云是由公司自己部署服务器和云服务架构，所有的数据存储、应用逻辑及云平台的管理都放在自己的云平台中。比起公有云这种大家在一个平台租用的方式，私有云的造价无疑昂贵很多。但是私有云也有非常明显的好处：首先是由于私有云部署在自己独立的服务器和网络环境上，所以数据的安全性更高，服务的可靠性也更好。这是因为服务本身在一个相对孤立的安全环境中进行执行，而且从软件到硬件乃至网络的部署环境全部都由自己负责，此时如果出现问题会被第一时间发现和修复，通常表现为服务级别协议（Service Level Agreement，SLA）指标更高；私有云的第二个好处是可以充分利用现有的软硬件资源，和公有云的通用配置方案不同，私有云通常都由企业自行定制其软硬件结构，这样一来在资源使用最高效方面可以达到比通用

配置更好的效果，这就好像专业的裁缝量体裁衣会比商店里销售的通版更适合自己的体型。

2.6.3 进退自如的混合云

谈完了公有云和私有云，再来谈谈混合云。混合云是近年来企业云部署的主要发展方向。越来越多的企业一方面希望把自己的数据放到较为安全的地方，这里就会使用私有云作为部署的服务器，另一方面也希望获得更多公有云的资源，如区块链服务这种较新的业务和机器学习模型等比较复杂的云模块。这时一种将私有云和公有云混合的新模型就应运而生了，这就是混合云。混合云整合了私有云的安全性和公有云的广阔资源，同时突破了私有云的硬件限制，这样一来真正实现了多快好省。

企业看好混合云主要是看好混合云几个优点：首先是节省成本，混合云比纯粹的私有云在成本上有巨大优势，这是毋庸置疑的；其次是提供了扩容性和扩展性，显然混合云在高定制化之外还提供了更多灵活定制的方法，这样使云服务的扩展性得到了进一步的提升；最后是获得了持续集成的能力，也就是通过公有云不断的升级带动整体架构的不断提升。

以上是混合云的主要优点。也是目前企业选择混合云作为部署架构的原因。

2.6.4 术业有专攻——政务云和医疗云

政务云是电子政务体系的发展方向，也是云服务与实际业务模型整合的情况。政府应用与信息平台在没有使用云服务之前有几个明显的问题，如每个部门都会单独建设一些信息化门户，这样的重复建设容易造成资源浪费；另外，政府部门的数据较为敏感，而本身的 IT 运维水平较低，就会导致数据的泄露和损坏。使用云服务后厂商根据政府部门的信息化通用需求定制专门的模块，让政府部门避免重复建设，像搭积木一样很轻松地实现自己的信息化需求。同时云服务商还可以保障服务器和数据的安全可靠。目前国内的几家大型公有云服务商都已经进入这一垂直领域，其中华为的

政务云项目更是在很多地方成功实施。

医疗云是云服务另一个典型的应用场景。医疗行业是典型的大数据应用领域，其中医案、诊疗体系记录、检查结果和对患者的诊疗追踪记录，都是非常有价值的数据，通过大数据分析可以为再次诊疗及优化诊疗提供良好的数据分析基础。但是由于医疗机构本身的 IT 水平有限，且各个设备厂商的固有认识，很多时候，医疗数据都是在各个诊疗机构里分散存储，甚至同一个医疗机构内部也并未做到诊疗信息共享。基于这一点，通过使用云计算可以方便地实现医疗信息的集中存储，实现医疗信息的共享，提高了医疗信息检索的效率，同时还为基于医疗信息进行数据挖掘和后续人工智能分析提供了良好的基础。目前腾讯医疗云已经和国内很多医疗机构合作，有较多的成功案例。

从上面两个方面可以看出，云计算和行业结合是目前云计算的又一个发展趋势，未来云服务会根据各种场景制作出更多的云服务方案。

2.7 卓越的业务价值

由于云计算的流行，很多在云服务普及之前尚未成为互联网公司的传统企业抓住了这次转型的机会，通过搭上云服务的快车迅速成长为世界行业巨头，这里通过分享几个最为成功的案例让大家了解云服务为企业增速发展提供的巨大势能。

2.7.1 AWS 上的 Netflix

如果大家看过著名的美剧《纸牌屋》，那么可能对 Netflix 公司并不十分陌生，这家美国在线视频服务公司目前市值千亿美元，已经是全球顶尖的在线视频服务公司之一。但是很多人可能并不知道，这家公司成立之初只是一个录像带和 DVD 的租赁公司，成立之后的很长一段时间只是在全美境内提供录像带租赁服务。这家公司成立于 1997 年，到 2007 年，

全美不足 300 万用户，提供的录像带数量也十分有限，如果只是按照这个规模和成长速度，人们大概永远也不会听到这家公司的名字，但是一切都在 2007 年发生了改变。2007 年，Netflix 开始提供在线视频播放服务，起初可以播放的视频不足 5000 个，但是随着用户的增长，Netflix 的视频数量开始增多，这时原有 IT 架构的瓶颈逐渐显露出来。第一个问题是用户增长使得账户信息和用户观看数据信息量暴增，Netflix 一直希望通过分析用户的观看记录来进行有效的观看推荐，实际上 Netflix 能获得这么大的成功其背后的大数据分析能力功不可没。但是 2007 年之后的几年，随着用户量的增长，原有的观看记录分析服务已无法应付庞大的数据量。第二个问题是视频内容的大量增加和带宽的增加使用户对视频流观看的质量和数量要求都有了提升，而且从可以预见的发展趋势看，这个提升并不是线性的匀速提升，而是跳跃性的提升，这时传统 IT 架构的扩容能力就显得不足了。第三个问题是 Netflix 逐渐开始开拓海外市场，这时急需一种能够在全球提供同样账号的管理系统，另外还要根据地区快速切换不同的片源、字幕等配套信息，这一架构使得 Netflix 后来成为全球最早使用微服务架构的厂商。快速增长的用户数据、飞速发展的存储，以及服务于全球的内容供应使 Netflix 敏锐地认识到自己需要借助于云服务，而亚马逊公司的 AWS 正好也希望通过这样一个有行业影响力的合作伙伴展现一下自己云服务的能力，双方一拍即合，Netflix 正式登陆了亚马逊的 AWS。

从 2009 年开始，Netflix 逐渐将自己的服务迁至 AWS，经过 7 年的努力，到 2016 年，Netflix 这家全球数一数二的视频流服务供应商已经不再拥有任何一个属于自己的机房，这实在是一种云服务时代才有的奇迹。到目前为止，Netflix 基于 AWS 云服务所提供的可支持用户并发访问数量是 2008 年基于自己数据运营中心的 8 倍，而成本则没有如此巨大的增长，这样一来，云服务可靠、灵活且性价比更高的优势一览无余。Netflix 迁移到 AWS 的过程十分顺利，这一案例说明云服务可以为企业创造巨大的价值。

2.7.2　Azure 上的波音

如果说 Netflix 的云转型还是一个有一定 IT 基础的互联网公司的成功案例，那么波音公司和微软 Azure 的结合则是一个更加有趣的案例，它表明那些并不以 IT 技术见长，甚至和 IT 技术无关的企业也可以通过云转型获得优势。

2016 年 7 月 19 日，美国《华尔街日报》网络版报道，波音公司及旗下两家子公司 AerData 和 Jeppesen 决定将它们基于云计算的航空分析应用转移至微软的 Azure 计算平台上。航空公司的油耗是成本中最重要的一环，合理的规划航路和航行时间，将油耗尽量降低是航空公司最重要的需求之一。波音公司下属的这两家公司曾长期进行数据模型分析和相关实验。但是数据模型分析需要广泛的标记实验数据、更多的专业模型及庞大的计算能力。标记实验数据是波音公司很容易提供的，但是后两者仅凭一个公司的能力似乎略有不足，于是使用云计算就成了一种必然的选择。波音公司通过选择 Azure 解决了后面两个问题。

首先，基于微软的人工智能框架包含大量的应用模型，可以帮助航空公司快速地对已经存储的数据模型进行分析，从而让其获得前所未有的数据分析能力和演算效果；此外，借助云强大的计算能力可以帮助公司更快地验证各种模型的有效性。这两点帮助波音公司节省了大量时间，同时也让一些和 IT 服务无关的公司看到人工智能业务基于云服务为企业带来的更多可能性。

2.7.3　创业公司的云计算案例

前面两个例子主要介绍了大型公司和云服务的整合方案，实际上云服务并不只为大型公司服务，很多初创的科技型企业也可以通过云服务获得更好的发展。因为创业公司早期是没有太多资金的，所以也很难在一开始就具有完备的 IT 服务能力，更多的时候还是要靠云服务的基础工具来获取帮助。

　　这方面的例子举不胜举，例如，北京小桔科技有限公司（以下简称滴滴出行）、厦门美图网科技有限公司（以下简称美图）这两家公司在初创时都得到了国内一家著名创业孵化器的支持，这家孵化器不但为其提供了资金支持，还帮助联系了国内著名的云服务商，该厂商为两家公司提供了云数据存储业务。另外，武汉斗鱼网络科技有限公司（以下简称斗鱼直播）和广州虎牙信息科技有限公司（以下简称虎牙直播）初创之际也需要一个实时视频流分发平台，而这种平台的开发是十分昂贵的，于是借助国内某云平台它们实现了在线视频流直播，赶上了直播热潮的早班车。再例如，国内某电商推荐平台，创业初期很担心内容审核出现问题，尤其是色情图片的审核在技术上要求很高，自己研发又面临时间短和经验不足的问题，于是借助于某国内云服务供应商，通过将自己的图片服务外包给对方实现了内容审核的功能。应该说，今天互联网创业的任何一家公司都必须依赖于云平台，否则企业的发展将举步维艰。

第 3 章

打破常规的服务方式

3.1　稳定性——N 个 9 的 SLA

任何服务的提供商都需要一项指标来帮助它们管理客户的期望，并定义针对不同事件所需要担负的责任。例如，如果家里停电，电力公司可能会根据停电时长给予客户补贴。在云计算平台上，如何定义停机或性能问题的严重性，如何为客户提供可用性保障，并且让客户可以安心使用，这些细则都是服务协议及合同所需要详细描述的。

SLA（服务级别协议）通常是服务提供商与客户签订的两项基本协议之一，它起源于 20 世纪 80 年代末 IT 外包流行的时期。当时，SLA 是管理这种外包关系的核心机制之一，它设定了对服务提供商的绩效期望，并规定了对未达成目标的处罚方式，在有些情况下，甚至还规定了超出目标的奖金。

本节会详细介绍 SLA 中的各个细则组成部分，帮助读者了解如何对一个云平台从服务协议上进行准确评估。

3.1.1　评估稳定性的 SLA

稳定性，在多数场合也称为可用性，是一个服务的多个质量指标的集合。一个服务作为一个整体，在工作时要面对组成它的各个子部件出现的风险，这些子部件对整体服务的影响，取决于部件提供的功能、部件在系统中的可替代性，以及风险在系统中传递的方式三方面。

在众多指标及指定时间跨度中，在线时间（up time）占比是最重要的一个。

在与下游用户的交互中，服务的提供方应该给出自己服务的稳定性指标，并在服务存继期间维护该指标。例如，如果 Azure 承诺自己的应用程序网关在线时间占比为 99.99%，或者简称 4 个 9，那么它一年内的下线时间不应该超过 52.56min（365×24×60×(1-0.9999)）。一些科技公司通常把前面计算得到的下线时间作为开发团队或者运维团队的绩效指标（KPI），或

者更贴切地说"下线预算"。

云服务对于自己每一种服务的在线时间占比都会有清晰的承诺，比如Azure 对于自己的应用程序网关服务的承诺如图 3-1 所示，承诺 99.95%的在线率。

应用程序网关 的 SLA

最后更新日期：2019 年 5 月

我们保证至少在 99.95% 的时间里，各应用程序网关云服务（包含两个或多个大中型实例）或能支持自动缩放或区域冗余的部署可供使用。

图 3-1

Azure 的应用程序网关服务承诺

3.1.2　稳定性的计算方式

稳定性可以以定量的方式计算。通过一个系统内各个服务相互影响的情况分析，可将计算稳定性的方式分为两种：一种是上下游关系的不同服务；另一种是并行的可相互替代的服务实例。一个系统总体的稳定性，可以基于各个子服务的稳定性数据和它们相互之间的关系计算出来。

1．上下游关系的不同服务

两个服务以上下游的关系存在，即一个服务单向地依赖另一个服务的内容，这里可以借用"串联"的概念来描述这种关系。比如一个博客程序和它依赖的数据库、一个微信小程序和微信平台，以及一个进程和运行它的操作系统。此时，博客程序、微信小程序和进程处于下游，而数据库、微信平台和操作系统处于上游。在一般的设计中，下游的可靠性与上游的可靠性正相关。

这里用个简化的模型来演示如何计算综合稳定性。假设一个博客服务自身程序在外部依赖正常工作的情况下可以保证 99.99%的在线时间占比，它所依赖的数据库（如果是集群，那么就作为一个整体看待）承诺的在线时间占比为 99.99%，那么此博客服务的综合稳定性，或者说，它能对外承诺的在线时间占比应该小于或等于

$$99.99\% \times 99.99\% \approx 99.98\%$$

从上面的例子可以看到，两个承诺 99.99%在线时间占比的服务串联在一起还能提供 99.98%在线时间占比，最终的结果似乎还可以接受。但是随着串联层数的不断增加，不可靠性也会呈指数级增长，若 10 个服务串联在一起，就只能承诺 99.9%，也就是 3 个 9 的在线时间占比了。

2．并行的可相互替代的服务实例

为了提高可靠性，一个服务经常会提供多个相对独立的、可相互替代的实例给用户使用，理想情况下，任意一个实例下线不会影响总体的服务质量，这是一种冗余设计。

在这种假设的基础上，只有当所有的实例都下线，这个服务作为一个整体才会算下线。假设每个实例的稳定性是 99%（才两个 9），有两个实例，那么这个服务的整体预期在线时间占比应该是

$$1-[1-99\%*(1-99\%)]=99.99\%$$

立刻多了两个 9，可靠性的提升立竿见影。多出来的这一个实例，称为冗余实例。

实际的应用中，这种冗余设计并不能达到上面假设的完美状态，但仍然可以满足应用它的初衷。

3.1.3 服务冗余的示例

为了提高服务的稳定性，为服务增加冗余服务实例是在不改变服务根本设计的前提下的一种常见方式。根据服务是否存在状态，可以将服务分为无状态服务和有状态服务。所谓状态，是指一个服务自身会记录跟外界交互的数据。例如，内容分发网络（CDN）是无状态服务，每次用户请求一个文件，它都不会根据用户的请求修改自身的某些内容，并且它总返回相同的结果。数据库则是有状态服务的最明显的例子。

根据一个服务的状态有无，它的冗余方式也有区别，下面举例说明两种类型服务的主流冗余方式。

1．无状态的网站服务

无状态的网站服务是最接近上面完美假设的例子，由于服务本身无状态（业务不需要或者状态被下游其他服务 Z 管理），网站服务实例之间可以被任意替代。

与完美的假设唯一不同的是网站的服务质量，并不是在所有的实例下线之后才会被外界察觉。由于网站会被多个用户访问，也许需要超过一个实例才能应付用户的访问，实例过少会出现用户打开页面或者处理业务延迟的情况。所以，只有超过必要数目的实例才能被称为冗余实例。

2．基于一致性哈希（Consistent Hash）的数据库服务 Coachbase

Coachbase 使用多个（设为 N）节点（Node）去保存用户的数据，但是与前面完美的假设情况不同的是,每个节点只负责总数据量的一个子集，而每个子集之间相互重叠以达到冗余的目的。在某个节点负责的这个子集里，节点负责主动管理其中一部分的数据，而其他部分的数据它只负责被动地存储。对于任意数据，它会被一个主节点主动地管理（读、写、复制到冗余节点），而被多个（设为 K，K < N）节点存储。主节点失效之后系统会把其中一个冗余节点提升为主节点。

也许读者已经看出来了，对于任意数据，冗余只限于它存在的那部分节点，并且主节点和多个节点之间的关系需要通过外力来调整。

3.1.4 提高稳定性的最佳实践

在工程师维护各个生产服务的过程中，逐渐总结出了一些比较通行的做法和建议，用于提高服务的稳定性，提升维护工作的效率，如如何设置监控和冗余。新上线的服务不需要从零开始考虑提高稳定性的设计，套用现有的做法即可。

1．监控关键组件

监控关键组件是发现线上问题最有效的方式之一，比如监控用户访问的 API 入口的错误信息和监控业务队列的长度。

一般而言，对组件的监控包括以下两方面。

- 对其性能表现的监控，一般是监控 CPU、I/O 和内存占用等指标。
- 对其业务处理状态的监控，一般以日志分析的方式做监控。

可以想象，就第一项而言，这是非常成熟的监控需求，而且由于大规模使用虚拟机，云服务可以提供现成的非侵入式的硬件指标监控。第二项通过约定格式和传输方式，应用产生的日志也可以被云的基础设施收集并展示。

以 Azure 为例，Azure Monitoring 提供了包括各种指标和应用日志的统一监控系统，集合了收集、展示、分析、告警和输出的数据整个生命周期的服务，如图 3-2 所示。

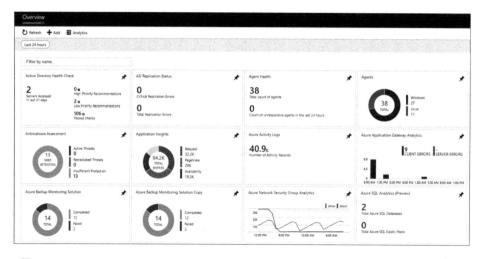

图 3-2

Azure 的自动监控服务

2. 对各部分稳定性设定清晰的需求

在系统的设计阶段，对各个子部件设定一个合理的稳定性需求，有助于对不同部件进行针对性的异常预案和冗余设计。

比如，在系统中需要用到硬盘来存储数据，那么也许在采购阶段就应该明确自己对硬盘稳定性的要求，并且根据采购的结果在系统设计阶段考虑所采用的硬盘的故障率（显然完全不会坏的硬件是不存在的）。假设采购的硬盘在其设计寿命内的无故障率是 99%，而下游应用对硬盘的无故障率

的要求是 99.99%，那么把两个硬盘组成 RAID 1 阵列（任意数据在每块硬盘都有一份副本）之后，因为两块硬盘同时损坏而完全丢失数据的概率只有 0.01%（即 99.99%的无故障率），如果是三块硬盘，完全丢失数据的概率则降至 0.0001%。

云服务对于自己的每一项组件，都会提供清晰的稳定性承诺（SLA），这极大地为系统设计提供了便利。云服务甚至允许根据不同的 SLA 需求支付不同的价格。

图 3-3 是 Azure API 管理对 SLA 的描述，主要内容是对于基本层级（Basic）、标准层级（Standard）、高级层级（Premium）和开发人员层级（Developer）的 SLA 的约定。

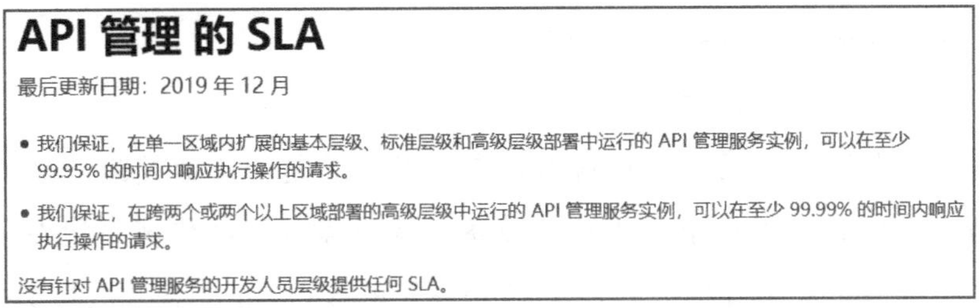

API 管理 的 SLA

最后更新日期: 2019 年 12 月

- 我们保证，在单一区域内扩展的基本层级、标准层级和高级层级部署中运行的 API 管理服务实例，可以在至少 99.95% 的时间内响应执行操作的请求。
- 我们保证，在跨两个或两个以上区域部署的高级层级中运行的 API 管理服务实例，可以在至少 99.99% 的时间内响应执行操作的请求。

没有针对 API 管理服务的开发人员层级提供任何 SLA。

图 3-3

Azure API 管理对 SLA 的描述

3．尽可能自动化运维操作

人类执行操作时，即使有足够细致的文档说明，出错率也远高于完全自动化的系统。自动化的系统如果出了任意错误，经过调整后，下次它会忠实地执行新的方案，不会和人类一样，由于精力、情绪甚至人员变更等因素经常犯错。

云服务对资源的操作和访问都通过互联网提供给最终用户，决定了它必然存在可编程应用接口（API）等便于自动化运维的基础设施，天然支持自动化运维。

以 Azure 为例，Azure 对于每种资源都提供了对应的 Rest API 来操作该资源，图 3-4 所示是 Azure 存储操作 Blob（任意无结构数据）的 API 清单。

List Blobs	Container	Lists all of the blobs in a container.
Put Blob	Block, append, and page blobs	Creates a new blob or replaces an existing blob within a container.
Get Blob	Block, append, and page blobs	Reads or downloads a blob from the Blob service, including its user-defined metadata and system properties.
Get Blob Properties	Block, append, and page blobs	Returns all system properties and user-defined metadata on the blob.
Set Blob Properties	Block, append, and page blobs	Sets system properties defined for an existing blob.
Get Blob Metadata	Block, append, and page blobs	Retrieves all user-defined metadata of an existing blob or snapshot.
Set Blob Metadata	Block, append, and page blobs	Sets user-defined metadata of an existing blob.
Delete Blob	Block, append and page blobs	Marks a blob for deletion.

图 3-4

Azure 存储操作 Blob 的 API 清单

4. 设计实时数据的备份

实时数据的备份又称为热备份，它所备份的是用户数据最新（或者接近最新）的状态，以便于在主存储设备出现故障时，尽快恢复状态。

用户数据的状态存储的是绝大多数系统的核心，正如在 3.1.2 节中并行的可相互替代的服务实例中提过的服务结构，如果可以实时地为数据提供存储冗余，那么存储将不会出现单点故障。在云服务之前，已经拥有了如下方案。

- 基于硬件的实时数据备份，如硬盘的各种 RAID 阵列（除了 RAID 0）。
- 基于文件系统的实时数据备份，如软件实现的 RAID、rsync，两者都有不同程序的延迟。
- 基于数据库的实时数据备份，比如 PostgreSQL 基于写入日志的多节点同步和 3.1.3 节中提及的 Coachbase 的备份。

在多数情况下，云服务提供的备份方式在本地环境也能做到，但云服务极大地简化了设置过程。甚至对于最基础的硬件，云服务（如 AWS）也默认使用了备份措施，如硬盘的 RAID 阵列。

更近一步，云服务还会根据自己的特殊性提供独特的备份措施，比如

由于云服务虚拟机（VPS）的硬盘模块大多是通过网络层跟 VPS 主体进行连接（AWS 的 EBS Volume，Azure 的 Managed Disk）的，所以云服务可以在网络层上对磁盘 I/O 进行热备份。

5．设计基于时间点的备份

基于时间点的备份（快照，Snapshot）虽然无法把系统恢复到最新的状态，会丢失从备份的时间点之后的所有数据。但是这类备份为各类误操作、程序错误和非法操作提供了一个撤销的机会。由于此种备份更多是逻辑设计的问题，跟本章主旨关系不大，在此不再展开。

云服务天然支持基于文件系统和基于数据库的快照，并且为基于快照的低使用频率提供了更加廉价的存储方式（见 3.2 节），更具性价比。

6．跨地理位置（多数据中心）提供服务冗余

把服务部署到多个数据中心，对于一般用户而言，无论是硬件、行政开销还是运维人员，都比单一数据中心的模式的成本大很多。而由于应用场景的特殊性，尤其是基于公共网络的传输效率，一些数据库的备份功能无法提供成熟的跨数据中心的同步服务。

而云服务由于规模效应的存在，用户在同一数据中心运行两台虚拟机，与在不同数据中心各运行一台虚拟机的开销是一样的。又由于大量数据中心之间通信的实践和数据中心之间的专用通信网络，云服务提供商天然对跨数据中心的备份有良好的支持，无论是文件系统级别的备份，还是程序级别的备份。Redis 的跨数据中心备份就是很好的例子，Redis 的官方团队提供了名为无冲突冗余数据集群（Conflict-Free Replicated Databases，CRDB）的解决方案，而 Azure 也提供了基于自己的流量管理器（Traffic Manager）的实现。

3.2　省钱吗？服务定价与计费方式

云计算节省企业资金最重要方式之一就是取代了传统 IT 架构，企业无

须购买、维护并升级软硬件设备，只需在云端按需订阅服务，并按用量付费即可，从而节省了昂贵的硬件、场地、安装和人工成本。便利性和成本效益也是云计算的主要优势之一。

从另一个角度看，通过按需使用的方式，云计算也为企业节省了大量支出，这是云平台的弹性所实现的。企业无须囤积大量的服务器，即可轻松、快速地从云端添加或减少资源。对于任何业务来说，这种方式避免了过度配置和功能浪费，只需在云端使用所需的功能组件即可。

随着服务模式的转变，云服务的定价方式也和服务器等传统采购有很大区别。本节将详细介绍云计算的定价方式，让读者可以做出符合预算、具有财务优势的云服务采用决策。

3.2.1　云服务的定价因素

总体而言，按需付费是云服务的定价核心。如图 3-5 所示的曲线图直观地解释了传统的预先购买未来一大段时间的计算资源（黑色）和按需实时购买计算资源（灰色）的成本区别。

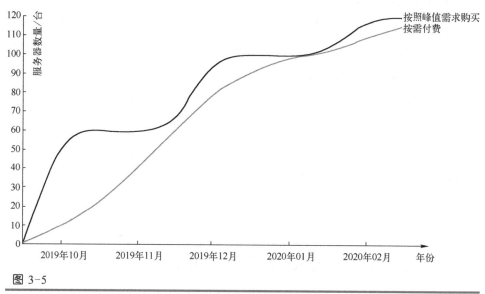

图 3-5

按需付费（灰色）和按峰值需求购买硬件（黑色）的成本区别

当谈到云上资源的定价时，很多因素都要考虑进去。首先，服务提供商的目标是利润最大化，客户希望以更低的价格获得更高质量的服务。其次，由于销售相同服务的供应商数量众多，在云上销售服务的竞争非常激烈。此外，价格受以下因素影响。

- 租期，可视为供应商与客户之间的合同时间。
- 资源的初始成本。
- 折旧率，也就是这些资源被使用的时间。
- 服务的质量。
- 硬件的年限。
- 维护费用。

3.2.2 略微混乱的定价策略

云服务商对不同服务制定不同的计费机制。对于初级用户，不同的计费机制可能不易分辨。

例如，亚马逊云中的 Lambda 函数是根据函数请求的数量、持续时间和代码执行所需的时间来收费的。Lambda 的免费套餐包括每月 100 万次的免费请求和每月 40 万 GB×s$^{\ominus}$计算时间，用户可以选择免费获得 100 万次请求和之后按每 100 万次请求 0.2 美元交费，也可以选择使用"持续时间"套餐，从而获得每月 40 万 GB×s 的免费额度，然后以 0.00001667 美元每GB×s 交费。听起来让人难以分辨哪个更加划算。

另一个例子来自可以在 Azure 中运行的数据库。数据库可以作为单个服务器运行，也可以由弹性数据库池进行定价，每个弹性数据库池根据数据库的类型有不同的表，然后根据存储、数据库数量等进行定价。

使用谷歌 Kubernetes 集群可以对集群中的每个节点收费，并且每个节点都根据大小收费。节点是自动伸缩的，因此价格将根据用户需要节点的

⊖ GB×s 是指用户分配给 Lambda 的内存数量乘以用户使用的时间。例如，分配了 10GB 内存，运行了 0.1s，那么消耗的用量是 10×0.1=1GB×s。

数量上下浮动。但并没有简单的方法知道用户用了多少节点或者用户需要多少节点，这让用户很难提前计划。

本节尝试列出了几种不同的定价类型。

1. 固定的订阅价格

固定的订阅价格是云服务里最简单的定价策略。订阅的价格只与资源的类型和使用时长有关。由于不同资源的动态调度能力不一样，对于弹性较大、部署简单的资源，云服务甚至可以以秒为单位定价，如 Azure 上的 Docker 容器的租用价格；对于部署相对耗时的应用，Azure 也可以做到按小时付费，如图 3-6 所示的 Service Bus 的高级版的费用，无视访问量、单位时间负载等因素。

图 3-6

Service Bus 的高级版本的费用

2. 按资源各个维度的使用量付费

按资源各个维度的使用量付费是云服务里最常用的定价策略，也是用户省钱的关键。对于一个资源的集合，它会单独对集合内的不同资源按用户的实际使用量计费。如图 3-7 所示是 Azure 的块存储（Blob Storage）的定价方式，可以看到，它根据不同的数据访问频率来分类定价，在同一分类下，价格只与用户的使用量有关。

即用即付的数据存储价格

所有价格均按每 GB 每月计费。

	高级	热	冷	存档
前 50 TB/月	$0.15/GB	$0.0184/GB	$0.01/GB	$0.00099/GB
后 450 TB/月	$0.15/GB	$0.0177/GB	$0.01/GB	$0.00099/GB
超过 500 TB/月	$0.15/GB	$0.0170/GB	$0.01/GB	$0.00099/GB

图 3-7

Azure 块存储的定价策略

3. 混合定价策略

混合定价策略将前两种定价策略进行了结合，用户需要先支付一个订阅价格，然后再按照使用量来支付额外的费用。有趣的是前面提到的

Service Bus，不同于之前提及的 Premium 版，它的标准版服务使用了混合定价策略。用户先要按小时支付一个基础费用，然后再根据自己的使用量支付额外的费用，如图 3-8 所示。

标准	
基本费用 [1]	$0.0135/小时
前 13M 次操作/月	每百万个操作 $0
之后 74M 次操作 (13M-87M 次操作) /月	每百万个操作 $0.20
之后 13M 次操作 (87M-100M 次操作) /月	每百万个操作 $0.80
之后 2,387M 次操作 (100M-2,487M 次操作) /月	每百万个操作 $0.20
之后 13M 次操作 (2,487M-2,500M 次操作) /月	每百万个操作 $0.50
超过 2,500M 次操作/月	每百万个操作 $0.20

图 3-8

Service Bus 标准版的定价

3.2.3　如何监控和控制成本

云服务的存在是为了帮助企业在基础设施上节省资金，如果用户知道如何使用，那么云服务是很好的选择。为了帮助用户优化云环境并节约成本，这里有以下几点建议。

- 获得账单总览。用户可以使用平台自带的账单系统、第三方工具甚至通过平台提供的程序接口（API）编写自己的脚本来分析账单。
- 了解使用的每个服务的计费方式。下载账单并和工程师团队一起分析计费的细节。
- 确保没有使用任何不该使用的业务。在不需要时关闭服务，如晚上和周末的开发和测试服务实例，考虑服务被外界使用的高峰期和低谷期，尽量提前做好计划。
- 定期检查，尽可能多地提前计划，制定使用时间表。

● 制定各个服务的管理策略，以便用户只能访问环境中指定的特性和区域，以及指定用量的服务（如存储空间的大小）。

3.3 弹性能力——纵向扩展与水平伸缩

上一节介绍了云服务的计价方式，按需计价是云服务的主要特征，而这种计价方式在需求频繁变化时，更容易显示出其价值。这一节再来谈谈云服务的"可伸缩性"。

3.3.1 什么是可伸缩性？

如果当前系统的处理能力无法支撑业务需求，就需要扩展系统。而系统的扩展有以下两种方式。

● 纵向扩展（Scale Up）：一般指升级当前使用资源的规格，从而获得更高的性能。例如，对于一台虚拟机而言，纵向扩展可以是增加它的内存，增加 CPU 的核数，或者切换为计算优化的 CPU 类型。这种方式一般适用于业务请求变得复杂，或者业务数据量增加，但是相互之间又有大量关联，无法简单分而治之的情况。

● 横向扩展（Scale Out）：通过增加当前使用资源的个数，把业务压力尽可能均匀地分布在资源的不同资源实例上。这种方式一般适用于有大量相对独立的业务处理请求的情况。

由于云服务可以即时申请所需资源，所以即使是手动扩展系统，也只需在云服务商的页面上进行简单的操作，就能扩展对应的业务模块。但是云服务给用户带来的便利不止于此。通过程序调用一组应用程序接口（Application Programming Interface，API）监控对应的指标，用户可以自动地找到需要扩展的时机，然后再用程序调用另一组 API，扩展用户的系统。例如，对于一个网站，在用户访问量增加时，加入更多的服务进程，升级数据库的 CPU 和内存大小。

常用的监控指标，一般包括以下几个方面。

- CPU 使用的百分比。
- 内存使用的百分比。
- 磁盘队列长度。
- HTTP 队列长度。
- 单位时间业务数据的流量。

3.3.2　自动化扩展云服务的一般设计

云服务由于虚拟化的存在，纵向扩展可以获得极高的自由度，比如在运行时升级内存甚至 CPU 资源。但是从目前业界的最佳实践而言，横向扩展是更加直接的方式。如果需要充分利用云服务的横向扩展能力，以下几点必须注意。

1）业务系统必须设计成可横向扩展的。避免对实例之间的关联性做出假设；不要出现某一业务逻辑必须在流程的特定实例中运行的设计。在横向扩展 Web 站点时，不要假设来自同一来源的一系列请求总是被路由到同一个实例。出于同样的原因，将服务设计为无状态，以避免将来自应用程序的一系列请求始终路由到服务的相同实例。在设计从队列读取消息并处理消息的服务时，不要对服务的哪个实例处理特定的消息做出任何假设。随着队列长度的增长，自动缩放可以启动服务的其他实例。竞争消费者模式描述了如何处理这种情况。

2）如果方案中有长时间运行的任务，则此任务需要支持动态增减实例。如果没有适当的注意，这样的任务可能会导致在系统扩展时无法干净地关闭进程实例，或者在强制终止进程时丢失数据。理想情况下，重构一个长时间运行的任务，并将其执行的处理分解为更小的、离散的块。利用管道和过滤器模式实现此目的。也可以实现一个检查点机制，定期记录关于任务的状态信息，并将此状态保存在持久存储中，运行该任务流程的任何实例都可以访问该持久存储。通过这种方式，如果进程被关闭，则可以通过使用另一个实例从最后一个检查点恢复它正在执行的工作。

3）不要用横向扩展应对短时间突发访问量暴增的情况。自动化的横向扩展不一定是处理工作负载短时间暴增的最合适的机制。提供和启动服务的新实例或向系统添加资源都需要时间，而且在这些额外资源可用时，需求的峰值可能已经过去了。此时应该考虑其他机制，如用队列来缓冲暴增的业务量。

3.3.3 实例——扩展 Azure 上的网站

微软 Azure Web App 提供了多种扩展网站的方法，用户可以在 Azure Portal 上进行操作。

1. 纵向扩展

Azure Web App 的扩展操作相当于将一个常规 Web 网站移动到更大的物理服务器。因此，当网站达到限额需要考虑扩展操作时，这表明用户正在超出现有的模式或选项。此外，几乎可以在任何内站进行扩展，而不必担心多实例数据一致性的影响。Azure 提供了不同配置的 Web 网站的宿主，供用户选择，如图 3-9 所示。

图 3-9

Azure 上对扩展 Web 网站的宿主配置的选项

2. 横向拓展

横向扩展操作相当于创建 Web 网站的多个副本，并添加负载均衡器在它们之间分配需求。当用户在 Azure Web 网站中扩展一个网站时，不需要单独配置负载平衡，因为平台已经提供了这一功能。

如果用户是 Standard 或者以上的 Web App Plan，用户将看到基于条件的自动横向扩展选项。如图 3-10 所示是根据 CPU 的负载，在动态增加实例的数量。

大话云计算
从云起源到智能云未来

| Overview |
| Activity log |
| Access control (IAM) |
| Tags |
| Diagnose and solve problems |
| Security |

Deployment
Quickstart
Deployment slots
Deployment Center

Settings
Configuration
Authentication / Authorization
Application Insights
Identity
Backups
Custom domains
TLS/SSL settings
Networking
Scale up (App Service plan)
Scale out (App Service plan)
WebJobs

Choose how to scale your resource

Manual scale ○
Maintain a fixed instance count

Custom autoscale ●
Scale on any schedule, based on any metrics

Custom autoscale

Autoscale setting name * `ASP-cloudcomputing-chapter7-8cf0-Autoscale-602`

Resource group `cloudcomputing-chapter7-rg`

Default   Auto created scale condition ✎

Delete warning ℹ The very last or default recurrence rule cannot be deleted. Instead, you can disable autoscale to turn off autoscale.

Scale mode ● Scale based on a metric ○ Scale to a specific instance count

ℹ It is recommended to have at least one scale in rule. New rules can be created by click hyperlink Add a rule .

Rules Scale out
When ASP-cloudcomputing-... (Average) CpuPercentage > 70   Increase count by 1

Add a rule

Instance limits
Minimum ℹ `1`   Maximum ℹ `3`   Default ℹ `1`

Schedule **This scale condition is executed when none of the other scale condition(s) match**

图 3-10

根据条件自动横向扩展的配置示例

第 4 章

云计算靠谱吗？

前面的章节中介绍了云计算的方方面面，但是，还是有很多人会认为云计算只是近几年炒作的一个概念。那么，站在企业用户或个人用户的角度来看，云计算到底靠谱吗？

4.1 我应该用云吗？

如果读者是普通非技术人士，可能从这本书中只想找到两个问题的答案。

● 云是什么？

● 我是否应该使用它？

对于第一个问题来说，本书的全部篇幅都在从不同角度、不同层面向读者解释；而本节就是用来回答第二个问题的。

相信绝大多数读者都不会对云盘这样的概念感到陌生，它方便、好用、空间大，可以从手机、计算机和网页访问，是保存并分享文件的绝佳存储方式。但如果想建立一个个人博客，或者给自己的公司搭建一个门户网站，有人说可以将 Web 服务器放在云上，那可能就不太容易做出判断了，起码不会像云盘存储那么简单。

下面以一个小网站为例，看看如何判断一个业务场景或者一种个人需求是否应该放在云端。如果读者有丰富的 IT 行业经验，不妨想想过去数十年，在架设网站时是如何做的？如图 4-1 所示是一个典型的网络架构，也是绝大多数网站所使用的传统架构，其中，最左侧是互联网，网站用户从这里而来；然后是负载均衡器（Load Balancer），负责将用户的访问请求根据负载分配规则导向到后端的不同服务器上；中间三台服务器运行 Web 服务；最右侧是网站所需的文件服务器和数据库等后端组件。

上面这个典型架构包含了多台服务器，大家应该都知道服务器的概念，网站都运行在服务器上，从本质上讲，服务器与人们每天使用的计算机结构其实差不多，它只是一台性能更好并时刻联网的计算机，同样由

CPU、内存、主板和显卡等组件组成，之所以被称为服务器，是因为其功能被用于对外提供服务，而对于网络上的用户（无论是人类用户，还是连接到服务器的各种软件），会随时访问服务器，因此这些服务器必须时刻保持运行，同时确保网络时刻畅通，否则就会发生宕机事故，如果是网站服务器宕机，用户就会看到类似"无法访问此页面"这样的错误，如图4-2所示。

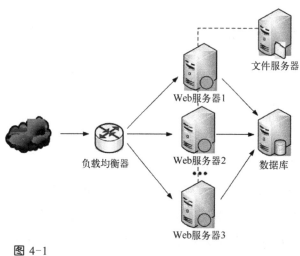

图 4-1

一个典型的网站架构

图 4-2

浏览器无法访问服务器

有人会说，那就保持服务器一直开着不就可以了吗？但其实这并不容易，服务器需要在运行期间关机维护是非常常见的事情，例如，网站的功能组件可能遇到错误，需要网站管理员或技术人员进行停机修复；系统可能需要重启才能安装安全补丁，应对不断变化的安全威胁；服务器硬件经过长时间运行可能变得不稳定，需要进行更换；放置服务器的机房需要进行电路升级改造，或者因为新添加了服务器所以要对网络进行扩容调整；甚至也可能因为城市电网故障造成断电等。总之，想让一台服务器保持常年稳定运行并非易事。

由单一服务器故障而造成的服务中断被称为单点故障。在图 4-1 的架构中，为了避免这种风险，使用了多台 Web 服务器，负载均衡器可以根据后端服务器的工作状态将用户请求进行重定向，从而提升系统的整体稳定性。但即便如此，该架构中的文件服务器、数据库和负载均衡器本身依然可能造成单点故障。而维护大量服务器的成本、难度和工作压力也会增加许多。

相比之下，云就要稳定得多，云并不是一台服务器，而是一系列服务器组成的群集。在主流的云计算平台上，很多业务都会自动以冗余的形式部署，并通过 SLA 提供保证，因此云可以提供超高级别的正常运行时间。这种保证是具有财务支持的，这通常意味着，如果服务中断时间超出了 SLA 中的限定，客户会获得经济赔偿。对于大型企业、政府的门户网站，金融、证券等交易平台，或者频繁举办促销活动的电商网站来说，一分一秒的宕机都可能造成无法弥补的业务损失和难以消除的信任度负面影响，因此云平台天然的冗余特性提供了很好的业务保障。

有没有什么标准能够帮助人们判断是否需要使用云呢？由于业务场景和需求的不同，具体标准很难给出，不同应用程序的需求千差万别，但不妨从云的特点来寻找一些判断依据。从应用角度看，可以选取的特点包括：可用性、冗余性、可伸缩性、托管式服务、数据安全性和合规性。虽然这几个特征点并不能代表云计算的方方面面，但对于绝大多数应用场景而言，考虑这几点就已足够。

4.2　云，安全吗？

当所有设备都连接到互联网上时，云便成了万维网发明以来最令人兴奋的重大跃进（但对于大多数人来说，这种跃进并没有从电子管到二极管、从传呼机到大哥大再到小灵通，或 3G、4G、5G 那种革命性变化来的剧烈），这种互联互通的世界让人们无论身在何处都可以连接到云端，访问和保存重要的文档、处理地球另一边的工作事务，这种能力对于企业和个人来说都是充满价值的。

但越是重要的东西，安全性就越不容忽视，最新的安全风险报告（Risk Based Security，RBS）显示，仅在 2019 年，公开披露的数据泄露事件就超过 7098 起，共造成 151 条数据泄露，这也是历史上最严重的一年，其中最严重的是 Facebook 公司（以下简称 Facebook）泄露的 4.2 亿条电话号码信息。而史上最严重的单次信息泄露事件发生在 2018 年，造成印度全国近 12 亿公民身份证、地址、电话、电子邮件地址和照片数据泄露。2020 年，米高梅酒店（1060 万数据记录）、万豪酒店（520 万条客户信息）、任天堂（30 万条玩家信息）和巴基斯坦移动运营商（1.15 亿条客户信息）都发生了严重的数据泄露。

有人认为云计算既然是以大型云服务商的平台为基础，云服务商就会确保云端环境的安全，其实这也是一种常见的误解。虽然云服务商通常会提供安全工具，但对于运行在云上的所有内容，包括数据和应用程序，其安全性都是由客户自行负责的。云服务商仅负责保护为客户提供云服务的基础架构，如数据中心、物理服务器和云管理平台等。与云相关的安全问题主要由云服务商方和用户方这两个方面共同构成，云服务商即为提供云计算服务、软件、平台和设备的企业，而用户则是将数据或程序托管在云端的企业或个人，这也是云端安全责任划分的界线，从专业角度将其称之为责任共担。

如图 4-3 所示是 Azure 云计算平台上的责任共担划分规则。简单来说，随着服务抽象程度越高，云服务商所需担负的责任也就越多。唯一的例外是用户数据和安全管理，尽管在 SaaS 这样的平台上云服务商承担了绝大多数责任，但用户账户的安全性依然需要用户的配合，如避免泄露自己的密码。

与大多数安全问题类似，这种共担的安全责任是很好理解的，就好比是买一台新车，车辆生产方、零部件供应商、设计和检测机构等都需要对安全性做出一定的保证，而购车的消费者也需要遵照良好、安全、可靠的驾驶习惯，确保自身和搭载货物的安全。在云计算领域中，云服务商必须确保其基础设施的安全，并且采取技术和措施对客户的数据和应用程序进行保护，而用户则必须从自身角度采取安全措施对应用程序的访问和数据的传输等进行安全强化，避免在管理员账号上使用类似 123456 这样的弱密码、asdf1234 这样的易猜解密码或默认密码（如 password）。

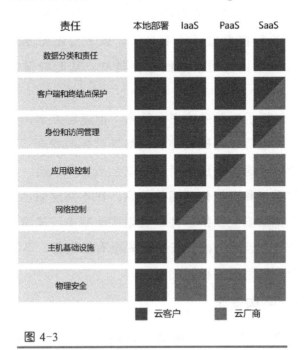

图 4-3

云计算的责任共担模型

一旦企业或个人决定将数据或应用程序托管在云上，就默认接受了失去对服务器进行物理访问能力的限定。因此，在某些安全风险中，无法及时访问物理设备可能会造成严重隐患，例如，如果有人从数据中心内部发起恶意攻击，作为云平台的用户来说往往是无能为力的。因此，云计算服务商必须确保对能够物理访问数据中心服务器的员工进行全面背景调查，同时保持不间断的行为监控。

之前介绍过，云计算环境其实是一种多租户共享的硬件平台，鉴于这种情况，云计算平台的安全风险不只是来自传统意义上的外部环境，还可能来自内部其他用户，例如，当 A 和 B 两个用户的程序都托管在云平台上时，如何防止数据的越界访问就是一个安全考量点。为了解决这一问题，对计算资源进行逻辑隔离是必不可少的，因此云服务和云端网络架构都基于虚拟化来实现。但这种措施的有效性主要取决于云平台对虚拟化架构进行正确配置、管理和保护的能力，如果虚拟化管理程序或者配置存在漏洞或风险，那就会对整个云端平台造成极大的影响，同时，即使用户的业务运行在虚拟环境中，云计算平台还需要采用适当的技术对不同用户在数据层面和访问层面进行隔离，从而确保多租户环境不会受到破坏。

云计算安全包括了一系列的安全技术、措施和方案，目标是确保云端数据、应用程序、服务、基础设施和网络等组件的安全。安全可靠的云计算安全架构应全面考虑各个层面潜在的安全威胁和风险，梳理基础设施、物理硬件、操作系统和虚拟化之间的关系，在不同层面、从不同角度对系统架构中的弱点施加安全保护，并最大限度地减少可能遭受攻击的目标点——即减小攻击面。因此为确保云平台安全有效运行，各个厂商都会采取多种手段，下面分门别类进行详细介绍。

4.2.1　基础架构安全

云计算平台为用户提供了在第三方数据中心存储和处理数据的功能，用户（企业或个人）可以在不同服务模型（IaaS、PaaS 或 SaaS）中

进行自由选择，也可以在不同的部署模型（公有云、私有云或混合云）中对架构进行灵活搭配。因为这种灵活性，要想设计一个能够同时托管数百万客户应用和数据的平台并不容易，要想确保这些客户的信息安全更非易事。

在基础架构层面，云计算的安全性主要涉及其结构安全性、物理安全性和运营安全性。

1．结构安全性

云计算平台由分布在全球的数据中心共同连接组成，打破本地数据中心的限制，使数据中心能够尽可能地靠近客户、缩短网路距离和降低网络延迟，同时也通过广泛的地理分布实现了容灾特性。

目前，世界级云服务都实现了数据中心全球性分布，并且按地域对数据中心进行了划分，如中国、美国、澳大利亚等。地域是云平台上合规性和数据主权的边界，通常也是市场的边界，例如，位于中国的云服务针对的就是中国境内的业务需求，数据中心和其中的服务都必须遵守中国的法律法规，同时确保数据都保存在中国境内。

一个地域中会有许多数据中心，这些数据中心又会进一步按照区域进行划分，同一个区域中的数据中心通过大规模弹性网络互联互通，区域之间通过网络专线相连。在结构上，这种全球规模的基础架构和多区域、多数据中心的分布结构，使云计算平台利用本区域和全网络实现数据保护，抵抗地区性风险，即使某个地区遇到大规模自然灾害也可以由其他地区的数据中心继续提供服务。

截至 2020 年，微软已经在全球 140 个国家/地区建立了 60 多个数据中心区域，此外还有 3 个位置保密的政府云专用数据中心，如图 4-4 所示。

2．物理安全性

一个良好的设计结构，离不开可靠的物理安全，就像建造一栋大楼，不仅需要在设计阶段符合安全规范，还要采用合乎要求的安全措施确保其物理安全。

大话云计算
从云起源到智能云未来

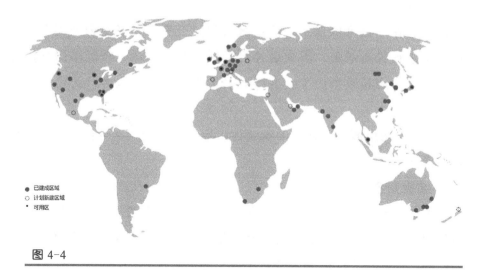

图 4-4

Azure 在全球的数据中心（图中未标出位置保密的政府云地理位置）区域

在云计算数据中心，为了降低非授权的物理访问风险，所有厂商通常对物理环境施加多种保护措施，许多关键数据中心都由云服务商自行设计、选择建造地点并施工建造。在建筑物周边还会建立钢筋混凝土防护墙，在楼宇入口、内部安装各类安全监控和门禁设备，在道路安装摄像头、车辆路障和基于激光的入侵检测系统等。

云计算数据中心部署了完善的视频监控、入侵检测和访问日志监控系统，这些系统对各个进出口和敏感位置进行持续监视，防止未经授权的物理访问。如果门禁被强制打开，或者长时间处于打开状态，传感器会发出警报，门禁上的门锁装置还会强制关闭。

云计算数据中心只允许极少数员工出入，还会有专业安防团队进行全天候巡逻和监视，对进入建筑物的所有人员进行安全扫描，配备只能访问指定区域的智能卡或生物识别验证设备，并严格限定各类人员可以在机房内部逗留的时间。

需要到数据中心的员工和供应商必须首先申请访问权限并提供合理的业务理由。专门负责安全的部门主管对访问请求进行审核，如果授予访问权限，访客会获得一个用于身份验证的胸章，该胸章内的芯片只可以用于进入特定区域的门禁。访问者的进入权限将在完成工作后被立即撤销。

如图 4-5 所示是 Azure 都柏林数据中心，该数据中心不仅地点完全保密，而且建立在人烟稀少的郊区，当有可疑人员靠近时很容易被发现。同时，其建筑物周围设立了高墙，其上安装了大量摄像头和传感器等监控设备，所有入口也都配备了安全门禁，保安还会在四周持续巡逻。

图 4-5

Azure 都柏林数据中心（图片来自 azure.microsoft.com）

AWS 还设立了遍布全球的安全运营中心，负责监控、分流和执行数据中心的安全保障计划。如图 4-6 所示是 AWS 的一座数据中心外部结构。AWS 安全运营中心对世界各地的云基础设施进行物理监控，实施入侵检测响应，并为现场的安全团队提供全天候的全球支持。同时，该中心还会从数据层面对人员访问进行跟踪，控制访问权限，并利用数据分析潜在的安全事件。

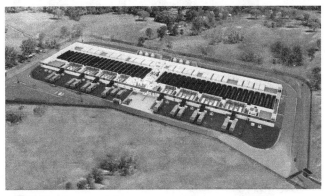

图 4-6

AWS 的某数据中心内部结构示意图（图片来自 aws.amazon.com）

3．设备安全性

云计算平台的主要基础架构是数据中心，数据中心的核心是服务器和各种网络设备，目前全世界已经有超过 400 个超大型数据中心，这些数据中心大多由主流云服务商所使用。超大型数据中心中近万个机架和其中装载的数万台服务器、存储和网络设备对于云服务商来说是重要的资产投入。

对于云服务商来说，一方面为了确保设备安全，另一方面为了降低成本，具有实力的云服务商都会自主设计硬件设备，例如，微软的 Azure、谷歌的 Google Cloud Platform 都采用了自主设计的硬件设备，不仅谨慎选择安全、可靠的设备，还会对零部件供应商进行审核，同时还会与供应商一起对组件进行安全审核和验证。

微软、亚马逊和谷歌都在硬件创新上投入了大量的研发力量，使硬件更高效、更灵活，以及更具可扩展性，同时也优化了数据中心的性能、效率、功耗和成本。如图 4-7 所示是微软设计的开源云硬件架构，这种开源设计打破了不同厂商之间的接口、标准和规范壁垒。

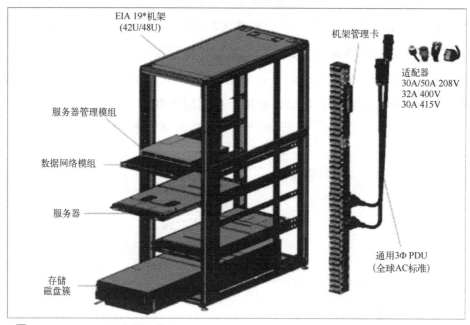

图 4-7

微软设计的开源云硬件架构（图片来自 azure.microsoft.com）

在外围设备上，微软和谷歌还会设计专门的安全芯片，从而可以在硬件级别对数据中心内的设备进行安全保护。如图 4-8 所示是谷歌研发的张量处理单元（Tensor Processing Unit，TPU），谷歌针对自身的云平台需求专门对硬件进行了定制。

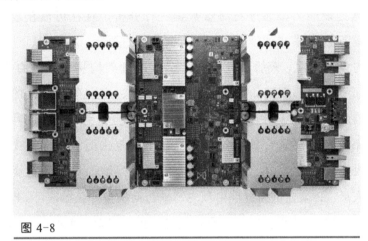

图 4-8

谷歌云平台自主设计的 TPU ©Google Cloud

数据中心内所有硬件设备都有独一无二的身份标识，该身份标识可以与其上运行的软件相关联，实现从硬件底层对上层应用的标识和认证，从而确保所有硬件调用都是可验证、可追溯的，因此可以方便地排查可疑的设备操作，也可以在茫茫的服务器海洋中随时通过身份标识将特定的设备隔离。

微软开源硬件架构这种方法提升了设备的可替代性，打破了厂商绑定，可以更容易地让云服务商找到硬件替代品或者对硬件进行更新和升级。而谷歌的 TPU 计算单元这样的定制硬件，打破了通用性，但随之而来的好处是高度可控和唯一性，这种设备更难被攻击者获取，也更难采用通用方法执行攻击。

4．运营安全性

良好的物理安全环境同样离不开可靠的运营管理，随着各类新兴技术（如物联网、5G 等）的出现和普及，信息访问比过去任何时代都要容易，攻击途径也变得无处不在。当世界变得紧密相连时，用于恶意攻击的技术手段也越来越先进。为了确保"铜墙铁壁"般的数据中心固若金汤，云服务商还投入大量的人力、采用多层次运营管理机制，对人员访问、设备处

置及操作合规性进行全面管控。

各个云服务商都汇集了顶尖的安全研究人员和事件响应专家，通过基础设施内（无论是硬件层面还是软件层面）部署的大量事件收集装置，不断记录日志信息并传送至安全监控系统进行分析。云计算平台本身就具有强大的数据处理能力，通过对海量数据进行分析，往往可以在攻击发生前检测到恶意行为的模式特征，从而采取必要的措施。

在架构设计层面，云服务商普遍将云端基础架构从互联网的公有 IP 空间隔离到了私有 IP 空间，同时只将数量很少、有业务必要性的设备暴露在外部公有 IP 环境中，在数据中心之间建立私有链路，通过这种方式避免依赖外部不安全网络进行数据传输，也减小了攻击面。

在前面物理安全性中已经介绍了人员访问限制，对于所有要求进入数据中心的人员，必须提供充分理由预先请求访问权限并获得许可。即使是已经授权的访问，数据中心也会定期或不定期进行重新审查，确保可以在最少人员、最小权限下完成所需业务操作。另一方面，在数据中心、云计算运营和管理中心工作的人员还必须符合高级别的合规性认证，例如，在 Azure 工作的人员必须每年提供无犯罪证明并通过内部组织的安全培训和考试。

在物理层面，对于淘汰或报废的硬件设备，尤其是硬盘等可能包含数据的存储设备，数据中心在销毁前不仅要采用常规手段进行数据擦除，为了避免数据被恢复，还会采用粉碎、焚烧等方法进行物理破坏。云计算平台的数据中心往往遍布世界各地，为了满足国际、各个国家和行业要求，这些数据中心在提供服务前还需通过各类认证，例如，ISO 国际标准、FedRAMP 联邦风险和授权管理标准等。

4.2.2　网络安全

在云计算环境中，除了底层硬件的基本网络连接，为了实现灵活、高度可配置的网络环境，无论是部署的虚拟机，还是 SaaS 云服务，一般都会工作在软件定义的网络（Software Defined Networking, SDN）上。软件定义的网络是大规模基础架构上为了提升网络管理能力、实现高度可编程网

络配置的一种技术，与虚拟机类似，这种网络并不是物理搭建出来的，而是通过软件来决定数据包的转发规则，从而实现通过编程、自定义配置来灵活修改网络架构并支持集中化管理的能力。

在这种虚拟的网络环境中，对流经不同网络链路的数据进行隔离，确保只有受信任的实体间可以建立符合安全规则的网络连接是至关重要的，举例来说，在云计算平台上运行着成千上万台虚拟机，这些虚拟机之间是否可以使用远程桌面 RDP 互相连接、是否可以通过 SMB 协议进行文件共享，或者能否可以通过 ICMP 探测其他主机的存在等，都需要由云端的租户来决定，并且由云平台进行规则实现。

要实现对网络数据的隔离，有的人可能会说这并非什么难事，许多防火墙都可以实现这种功能。但实际上，在标准的 OSI 网络协议栈里，网络被划分为很多层，包括最底部的物理层、实现了 MAC 地址的数据链路层、实现了 IP 地址的网络层等，因此只在一个层面进行控制是不够的。防火墙虽然可以针对 IP 地址或 MAC 地址进行流量阻拦，但这只是在服务端点，也就是整个网络路径的最后一个环节进行的控制，但如果有人篡改了内部网络的路由配置，或者发送广播消息进行拒绝服务攻击，防火墙都是无能为力的。要实现真正安全可靠的云端网络隔离，需要从网络协议栈的所有层面入手，实施系统性的网络安全策略。

以最典型的 DDoS 分布式拒绝服务攻击为例，如图 4-9 所示。这种攻击会利用数十万台客户端机器对正常提供服务的网络服务器发起正常请求，由于是正常请求，而且是由不同客户端发起的，因此往往不会被防火墙等设备阻拦，但由于请求数量巨大，会造成网络拥塞和服务器繁忙，进而导致正常使用的用户无法获得正常服务。针对这种攻击，不同云平台有不同的应对方法。

在微软的 Azure 上，微软采用不同控制层实现多级别网络隔离，如图 4-10 所示。当某一网络数据从互联网 Internet 发送至部署在云上的某一虚拟机时，Azure DDoS 防护层首先会对这一流量进行过滤，对任何可疑流量进行隔离，在这一步，DDoS 防护层的工作方式与防火墙类似；当数据通过 DDoS 防护层后，会进入用户自定义的公共 IP 端点，也就是用户在部

署 VM 的虚拟网络时为其附加的公有 IP 地址，该 IP 端点会根据用户定义的规则和云平台上的安全配置对数据再进行一次检查，确保只有符合规则的流量可以进入用户配置的虚拟网络。即使数据进入到用户的虚拟网络，该虚拟网络也是与其他用户的虚拟网络完全隔离的，确保网络流量只能经过用户配置的网络路径和端口进行传输。当虚拟网络中的流量尝试传输至目标 VM 时，还会经过 Azure 网络安全组（NSG）、Azure 路由表等措施进行进一步约束，最终抵达虚拟网络设备，该设备是网络隔离的边界，其另一端即是虚拟网络中受保护的对象。

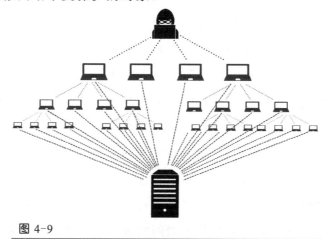

图 4-9

攻击者利用僵尸网络操纵成千上万台计算机对特定服务器发布分布式拒绝服务攻击

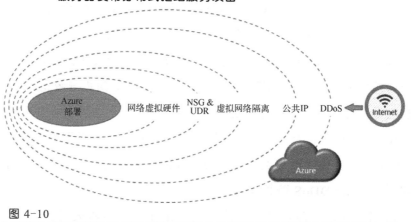

图 4-10

Azure 在不同层面实施的网络隔离

而在谷歌云计算平台则通过多层级 DoS 防护降低部署在云端的各种服务受到 DoS 攻击的风险。在谷歌云的骨干网与数据中心所建立的外部连接后方（也就是云平台内部）搭建了多个硬件和软件实现的负载平衡器，所有从外部流入的数据都会被报告至运行在基础架构上的中央 DoS 服务，一旦中央 DoS 服务检测到 DoS 攻击流量，便会对各层级负载平衡器进行自动调配，从而降低或限制与攻击有关的流量。同时，与这些流量相关的应用层特征也会被报告至中央 DoS 服务，中央 DoS 服务会据此进一步对谷歌云的前端基础架构进行调整，对攻击流量进行更多的限制。

结合各类网络安全措施，云平台上的虚拟网络形成了数据流量边界，一个虚拟网络中的虚拟机无法与另一个虚拟网络中的虚拟机直接通信，即使这些资源都是由同一个用户所创建的，也并不具有默认联通的能力，与物理设备搭建的网络环境一样，所有数据通信都要经过逐层配置才能实现互联互通，例如，设置 IP 地址、设置路由转发规则、修改防火墙规则，以及配置子网和网关等。这种在软件定义网络上实现的隔离是确保云平台上网络通信私密性的关键属性。

因为所有网络配置都是由软件以可编程的方式统一定义出来的，因此就具备了非常好的灵活性，即使在同一个云平台上，各个用户也都可以建立属于自己的子网，即使这些子网的 CIDR（简单来说就是 IP 网段和子网掩码等信息）都相同，也不会出现地址重叠或冲突。另一个例子是常见的 DHCP 协议，该协议用于为网络设备自动分配 IP 地址，很明显，使用云的客户不可能恰好使用不同的 IP 地址，用户 A 的虚拟机可能被 DHCP 服务器自动分配 10.1.1.1/24 作为 IP，而用户 B 可能在自己的虚拟机上手动配置了 10.1.1.1/24，即使如此，云端网络也不会发生 IP 地址冲突的问题，这种能力正是由云平台的网络隔离特性所提供的。

通过实现网络隔离，不同用户之间的虚拟网络形成了自然隔绝的私密网络环境，而配合虚拟子网（VNet）、网络安全组（NSG）等功能，用户就可以像配置本地网络一样，在云端建立复杂的网络拓扑结构，并附加自定义的路由规则、访问控制和安全策略，从而实现安全、可信任的私有网络环境。

4.2.3　数据安全

云计算平台的优势在于可以轻松、可靠地保存并访问数据，但是，对于各类数据来说，一旦从本地存储设备迁移到云计算平台上，用户对数据安全所负的责任也大大增加，而不是很多人认为的责任减少。

随着数据上云，用户对数据失去了控制权，这些数据可能保存在世界上任何一个地方（具体取决于云计算平台数据中心的位置），也可能被复制到任何地方（为了数据安全，云计算平台会对数据进行备份，高等级云服务会采用异地备份）。数据现已成为企业最重要的无形资产之一，数据上云所面对的安全问题也随处可见，这些问题可能发生在数据准备阶段、数据迁移阶段，或者是当数据上云后。

数据安全始终是各大云服务商所关心的重要话题，从合规性角度来说，现在基本所有云计算平台都符合 ISO、SOC 和 HIPAA 等国际标准，但是，从实际运营和安全措施角度来说，由于云计算平台所具有的责任共担属性，数据安全也少不了用户的责任，具体可以从以下几个方面来介绍。

1. 数据可用性

服务器宕机是 IT 管理员经常遇到的问题，虽然没有百分百可靠的解决方案，但可以通过各种措施尽量减少影响。对于云服务商来说这一点至关重要，这不仅代表了云平台本身的技术实力，对于云服务商的声誉来说也是重要的衡量标准。而对于云计算平台来说，因为其上存储的是客户的数据（并不属于云计算平台），因此要对服务级别做出保证，也就是所说的 SLA，并通过多种手段实现所保证的服务质量，如 99.9%可用性。

目前，几乎所有云服务商都在存储方面提供了 99.9%的可用性，有的存储方式还支持选择不同存储区域和容灾方式，从而进一步获得更高级别的可用性保证。

每个云存储服务都有主打的存储卖点：AWS 的 Glacier 非常适合以冷存储的方式保存大量很少访问的数据；微软的 Azure Blob 存储是大多数场景下非结构化数据的理想选择；GCP 的 SQL 数据库则针对 MySQL 数据库

进行了特别调整和优化。

　　下面以 Azure Blob 存储为例进行详细介绍。从技术上讲，在一个数据中心内，用户保存在 Azure Blob 中的数据一共会产生 3 份副本，如图 4-11 所示，在使用数据时，访问操作都是通过主副本完成的，其他两个副本都用于数据恢复，当主副本不可用时就由其他两个副本代替。云计算的一大好处是可以实现跨地理位置的冗余配置，因此还可以为 Blob 存储启用跨地理位置的数据冗余策略，这样就可以跨越两个数据中心实现同一份数据 6 个副本的冗余安全性。

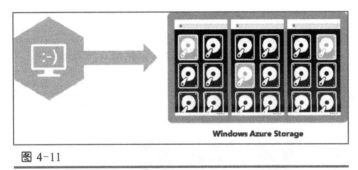

图 4-11

Azure Blob 会将用户数据在互相独立的存储位置上保存 3 份

　　如图 4-12 所示是 Azure Blob 在对数据进行写操作时（创建、更新及删除）的副本创建过程。这些数据读写操作会在主站点的主副本首先执行，然而在后台，这一操作会同步至副站点的第一个副本，接着这两个站点会对各个副本进行数据同步。由于这些同步操作都是异步执行的，因此不会对数据使用者造成影响。

2．数据隐私

　　截止 2019 年初，世界各国已经针对数据安全发布了一系列隐私保护条例和法律，各国都提出了标准化的合规性认证，如图 4-13 所示。欧盟的《通用数据保护条例（General Data Protection Regulation，GDPR）》被称为"史上最严"数据保护规定，中国参考了欧盟 GDPR、国际 ISO 标准颁布了自己的《信息安全技术个人信息安全规范》。这些规范的提出，对于许多公司来说，尤其是金融、医疗等行业，因无法满足或实现合规性过于烦琐，很

难将数据向云端迁移。

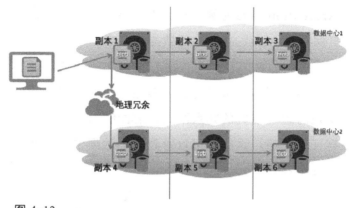

图 4-12

Azure Blob 存储跨地理位置冗余可以获得 6 份数据副本

图 4-13

国际上一些重要的合规性认证标识

对于有些云服务商来说，其数据保存位置可能并不透明，也不能由客户控制，对于客户来说这无疑是一项巨大的法务风险。而即使是大型云服务商，如果客户自己将数据保存在法律要求的区域以外，云服务商可能会因此免除承担 SLA 中的所有责任，一切数据安全风险都将由客户自行承担，这有点类似于交通法规中谁违章谁就承担全部责任的道理。

云计算平台的一大好处就是可以很容易地将业务发展到全世界，但是在使用云上的数据存储时，作为共担责任模型的一部分，用户需要主动了解相应国家、区域及国际性数据安全法规，例如，美国的健康信息可移植性和责任法案（HIPAA）、支付卡行业数据安全标准（PCI DSS）、国际武

器贸易条例（ITAR）和健康信息技术经济和临床健康法案（HITECH）等。在欧洲，除了严苛的通用数据保护条例（GDPR）外，许多欧盟国家都要求敏感数据或私人信息不能离开该国或地区的实际边界，这些法规包括英国数据保护法、瑞士联邦数据保护法、俄罗斯数据隐私法和加拿大个人信息保护和电子文件法（PIPEDA）等。中国也在 2019 年 6 月发布了《个人信息出境安全评估办法（征求意见稿）》，详细明确了中国的数据跨境机制和监管要求。

3．数据加密

类似于微软 OneDrive 这样的云端存储，彻底解放了人们对本地存储空间的需求，只要在有互联网的地方，就可以随时随地访问自己的文件。这就意味着，如果你有一个价值 500 万的商业创意，使用云盘，就可以让你最有价值的创意不再受限于价值 500 元、重 300g 的计算机硬盘。

在 20 世纪 70 年代中期，对信息进行强加密（Strong Encryption）开始从政府保密机构延伸至公共领域，并且在现在成为非常普遍的数据保护措施。为了确保用户数据在存储和传输过程中的安全性，云服务商还会对数据进行加密。

无论是存储状态下的数据还是传输过程中的数据，已经有非常多、足够成熟的方案对其进行加密。企业级数据加密基本都是通过非对称密钥实现的，也就是一种特殊的算法，需要使用两个密钥 A 和 B，密钥 A 用于加密，加密后的数据只能通过密钥 B 进行解密。这些算法通常都与大素数分解、椭圆曲线方程等有关，因此很难破解，即使使用天河系列这样的超级计算机也要计算几十年。

即使数据在云计算平台上被妥善保护，但为了应对各类网络攻击，如监听、匿名攻击等，云计算平台还会对网络传输进行动态加密。另一方面，为了对数据访问者的身份进行验证，防止恶意用户采用伪造的凭据发起数据请求，各大云服务商都提供了多因子认证功能（MFA）。

还是以 OneDrive 为例，所有数据都会使用一个唯一的 AES256 密钥进行静态加密，这些密钥保存在 Azure 的密钥保管箱中，微软会使用 Windows

Defender 防病毒工具对数据进行持续监控。当用户通过浏览器或客户端请求数据时，在身份验证（也就是登录）阶段还会被要求输入发送到手机或安全口令客户端上的动态密码。在数据传输阶段，如上传或下载文件时，数据会通过传输层安全加密 TLS 技术进行加密，确保数据不会通过 HTTP 等未经加密的明文方式在网络上传输。

通过上述措施，如果硬盘被盗、损坏，或者数据被人恶意篡改，只要在云端有备份，就再也不用担心数据损失。但是，时刻都要注意云计算的责任共担性，虽然各大云服务都通过足够多的安全措施来保护数据安全，但密码和加密密钥都保存在用户手中，因此最终最大的风险还是人，避免使用相同密码、定期更新密码，以及采用高强度的复杂密码等都是良好的使用习惯。

4．威胁防护

只要是网络上的服务，就会受到各种威胁。对于数据来说，最主要的威胁包括数据丢失、身份伪造、数据泄露和数据加密攻击等。

（1）数据丢失

数据丢失指的是数据被错误删除，这可能是因为人为误操作造成的，也可能是由于计算机系统或硬件故障导致数据被覆盖或无法访问。云计算平台提供了超大的海量空间存储，由于存储系统的规模经济效应，云计算平台上的每 GB 存储费用已经足够低，因此，许多数据在云端进行更新时都采用了增量更新的方法，这种方法会对每次数据更新创建一个新版本，类似于版本控制，使用新版本来保存本次更新内容，并允许用户将文档恢复至之前任意一个时间点的版本。因此，在很多云端存储上删除文件也可以是一种可逆操作，即使文件被删除，也不会被立马删除。以微软的云盘 OneDrive 为例，当用户对数据进行任何更新时，都会产生一个新的文件版本。即使是被删除的文件，在 OneDrive 中也只是被标记为删除，然后被归类至回收站中，回收站中的文件最长会被保留 30 天，除非用户手动操作强行删除，否则在这 30 天内都可以恢复这些文件。这种数据版本和删除管理的方式对当今的安全威胁提供了有力的防护。

（2）身份伪造

无论是文件、影片还是数据库中的数据记录，当保存在云端时，都需要有明确的许可才可以访问，云平台也使用了多种技术来确保用户的数据安全，防止身份伪造，这些技术之前都有所提及，如非对称密钥和多因子认证等，还可以结合证书进一步提升安全性。虽然用户需要对自己的密码等机密信息的安全性负责，但云计算平台也具有各种智能策略，比如可以通过用户的登录和访问设备历史，智能分析新的访问请求是否具有疑点。举例来说明，如果某用户一直习惯使用 Windows 设备在北京访问云端数据，突然出现一个从美国使用 Linux 设备登录的请求，而该请求距离此用户上次从北京成功登录的时间间隔只有 2h，这很明显就是一个可疑操作，即使冒用身份者输入了正确的密码，云计算平台也会要求用户提供更多的安全信息（如安全问题等）进行多重验证。

（3）数据泄露

数据泄露是云计算平台自身需要防止的威胁，因为是多租户环境，如果无法实现有效的数据隔离，不同租户间就可以通过漏洞、后门等访问他人数据，从而造成数据泄露。这种威胁的应对措施包含了上面的所有方法，包括对数据进行动态和静态加密、对传输中的数据进行持续保护、对访问进行权限控制、对网络连接施加防火墙和访问控制列表等管控以及对应用程序进行授权。此外，对于数据库来说，其自身提供的各项安全措施也会被默认开启，如行级安全性、数据库审计报告等。

（4）数据加密攻击

除了上面这些威胁，近几年来最新的一个威胁是数据加密攻击。以曾经在全球肆虐的勒索病毒 WannaCry 为例，如图 4-14 所示，该病毒会将受感染计算机上的全部文件进行加密，所采用的加密方法几乎是无法破解的，即使使用超级计算机解密也需要至少数十年的运算，黑客往往因此勒索用户通过比特币等方式支付数百美元赎金才提供解密密钥。在 2017 年 WannaCry 全球爆发时，感染了全球 150 多个国家超过 20 万台计算机，造成的总损失高达数十亿美元。虽然这种攻击主要针对的是没有及时更新安

全补丁的计算机，但安全始终不是绝对的，除了安全补丁，对数据进行保护有时更加重要。

图 4-14

勒索病毒 WannaCry 显示的赎金支付信息

如果使用图 4-15 所示的微软 OneDrive 云盘服务对本地数据进行自动云端备份，借助 OneDrive 的文件版本管理功能，文件被加密后会作为一个新版本保存，如果想恢复数据，用户只需将文件恢复至上一个版本即可。而对于那些直接删除用户文件的病毒来说，云端的备份是无法被彻底删除的，用户只需从回收站中恢复即可。而如果是建立在云端的虚拟机，用户也可以使用自动快照、自动备份等机制对数据进行保护，当遭受病毒感染时，就可以轻松回溯到受感染前的状态。

5．数据备份

除了上面所说的各项数据保护措施，另一个与之相辅相成的技术是自动备份。想想看，你会经常对自己保存在本地硬盘中的数据和资料进行备份吗？最后一次备份数据是什么时候？在备份时，会将重要资料备份到哪里？复制到移动硬盘或者 U 盘？这些外部存储设备启用加密了吗？有没有将它们安全存放起来？虽然一再被告知要对重要、敏感的数据进行备份，要对外部存储设备进行加密保存，但对于很多人来说，这只是存留在脑海里的一些概念，并没有成为具有实践性的行为习惯。

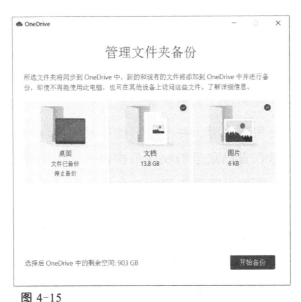

图 4-15

微软 OneDrive 云盘提供了本地文件的云端备份功能

但是，当将数据保存在云中时，就无须担心这些问题，对云中的数据进行加密、备份是可靠、可信云服务商的必备要求。这些云服务商会使用最先进的技术、手段对数据进行加密和备份，并且当出现任何安全风险时对数据防护进行更新。

4.2.4 计算安全

在上一小节介绍数据保护时都是以微软的 OneDrive 网络云盘为例介绍的，那么，对于云端部署的各种服务（如虚拟机、网站和数据库等），如何确保它们的安全呢？

之前提过，多租户是云计算的一个显著优势，它指的是通过让多个客户使用同一套物理设备，共享基础架构，从而利用成本均摊实现规模效益。可以想象，如果自行搭建一台服务器，并同时与多人共享使用，该如何实现每个人的应用、配置和数据安全呢？如何防止别人修改自己的应用程序、访问自己的数据及变更自己的配置呢？在多租户环境中，系统架构的安全性、隐私性、完整性、保密性和可用性都是评价业务安

全的重要指标。

1．租户隔离

租户，即为云计算平台上拥有并具有管理云服务能力的特定用户。举例来说，当人们建立了一台服务器，想与其他三人共同使用，于是给每个人开设了一个用户账号，并且根据使用时间收取费用，他们在自己付费的时间内可以在自己账号的权限范围内建立、配置应用程序，或者创建、修改文件，那他们就可以称为这台服务器的租户。在云计算平台中，租户需要互相保持隔离，一方面是为了保持账单计费独立，另一方面是为了确保每个租户具有单独的权限管控，防止租户访问不属于自己的资源。

如图 4-16 所示，如果为每个人保持独立的应用程序和数据库，就形成了单一租户的结构，每个人的操作互不影响。有些应用程序是应用共享但数据库分离的，最常见的是大公司内部的财务软件，为了保证机密资料不外泄，虽然使用的是同一套软件，但数据库都是由各部门或分公司独立存放的。各种网站一般都是应用共享、数据库共享的模型，比如中国铁道科学研究院集团有限公司中国铁路 12306 网站等订票系统，所有用户的数据都是由服务方统一存放管理的。

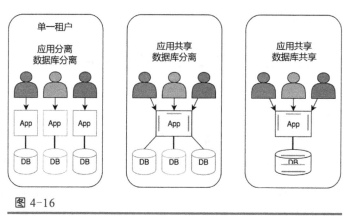

图 4-16

三种不同的资源共享方式（App 是应用程序，DB 是数据库）

从逻辑上来说，对租户进行隔离的权限管理是云计算平台上各个租户的安全边界，通过为所有租户及其行为设置权限，可以防止恶意或偶然的

跨租户入侵行为。不同的云计算平台有不同的安全框架，在微软的 Azure 云计算平台中，租户通过 Azure 活动目录（Azure AD）实现权限管理，而这些 Azure AD 在物理服务器上运行在分隔的网络段中，在主机系统层面，操作系统的 Windows 防火墙会对网络数据包进行过滤，阻止不应该发生的跨 Azure AD 的网络连接和流量。

2．计算隔离

前面已经了解到，程序在云端运行的环境主要是基于虚拟化构建的，如果用户有在本地搭建虚拟机的经验，应该对此并不陌生：使用虚拟机可以很容易地实现虚拟机与宿主机的逻辑隔离，对于宿主机上运行的多台虚拟机来说，它们彼此也是逻辑隔离的——这也是云计算平台计算隔离的实践基础。

但实际上，虚拟机真的那么安全吗？是不是说只要使用虚拟机就一定可以实现客户之间的业务隔离？答案当然是否定的。虚拟机的运行依赖于虚拟机的管理程序 VM Hypervisor，它实现了虚拟化的硬件平台和与宿主系统交互的底层架构，从而获得一台由软件模拟出来的计算机，在其上安装并使用操作系统。由此可以看出，虚拟机其实还是运行在宿主计算机上的软件，而只要是软件，存在漏洞和安全隐患就不奇怪了。

在虚拟机环境中，威胁最大的一类风险是虚拟机逃逸，通过利用虚拟机管理程序中的漏洞，使虚拟机可以对宿主机进行攻击，攻击者在虚拟机中运行漏洞调用代码，就可以突破虚拟机操作系统，直接与虚拟机管理程序进行交互，还可以进一步访问到宿主机的操作系统和该主机上运行的所有其他虚拟机。这类漏洞中最有名的是 2009 年发现的 VMWare 逃逸漏洞如图 4-17 所示，安全人员使用一个名为 Cloudburst 的工具软件，突破了虚拟机环境，直接获得宿主机的控制权，实现向宿主机内容的任何位置写入任意数据进行攻击。在图 4-17 中，安全人员成功利用虚拟机控制外部的宿主机打开了计算器。

那么，在一种商业化运营、需要为客户提供基于财务保证服务可靠性的平台上，如何确保用户的计算环境是安全无忧的呢？

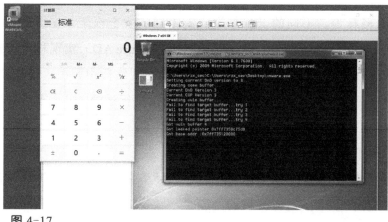

图 4-17

VMware 的虚拟机逃逸漏洞

以微软的 Azure 云计算平台为例，在 Azure 的每个计算节点上，其主机层面运行的是一个专门定制并经过安全强化的 Windows Server 操作系统（Root OS），该系统只包含了托管虚拟机（VM）所需的必要组件，这样可以提升性能并减小受攻击面。与在物理计算机上安装虚拟机的方法类似，虚拟机监控程序（Hypervisor）直接运行在硬件上，Azure 利用 Hyper-V 虚拟化技术将各节点划分为数目不定的来宾虚拟机。除了这些来宾虚拟机，每个节点上还有一个特殊的根虚拟机（Root VM）用于运行主机操作系统（Host OS）。节点的关键边界由虚拟机监控程序和根虚拟机操作系统共同管理，实现根虚拟机与来宾虚拟机，以及各来宾虚拟机之间的隔离，其物理机的边界也由虚拟机监控程序实现，并不依赖于底层操作系统的安全性。

为了防止出现虚拟机逃逸这样的安全漏洞，Azure 使用了独特的虚拟机部署和管理技术，由 Azure 结构控制器负责将基础架构中的各种资源分配给客户，建立并管理从主机到虚拟机的单向通信环境。Azure 结构控制器在部署虚拟机时采用了一种高度复杂、几乎无法预测的布局算法，使物理层面的资源对象变得无法预知。同时，Azure 虚拟机监控程序在来宾虚拟机之间实现了强制内存和进程隔离，并通过安全机制将网络流量路由到对应的来宾虚拟机中，从而避免了虚拟机级别的侧信道攻击。由于 Azure 结构控制器与负责管理虚拟机的代理程序之间使用单向通信，并利用 SSL

进行通信保护，因此虚拟机管理代理无法与其他结构控制器或节点进行连接，从而提供了增强保护。对于虚拟机监控程序与主机操作系统之间的通信，Azure 部署了数据过滤程序，可以阻止不受信任的欺骗性流量，同时阻止发送到受保护对象的定向或广播流量，进而实现完整的计算隔离。

4.2.5　审计日志

审计日志（有时也被称为审计跟踪）是与信息安全相关的按时间顺序记录的特殊信息，其中包括行为、动作、执行者、执行目标、命令、应用程序运行信息、事件、消息、受影响的文件和程序活动等。

审计日志是信息安全管理系统不可或缺的一部分，通过对审计日志进行回溯分析，可以跟踪每个用户、程序在不同日期、时间所执行的操作或行为，如执行的命令、创建的文件，或浏览的页面等。

在敏感系统中，如财务、人事和研发管理系统等，审计日志是强制启用的，一方面这是出于公司信息管理要求而采取的安全措施，另一方面也是合规性的一部分，例如，对于企业而言，有些国家的法律会要求财务系统必须提供日志记录；另外，想要获得 ISO 认证，或者上市公司的年度报表审计，都会对信息系统的审计日志进行回溯分析。

在云端，因其庞大的规模，无论是硬件架构还是软件程序都会比本地搭建的机房更加复杂。为了实现灵活、可配置的组件式架构，组成云计算平台的各个组件都具有高度灵活的特性，可以针对不同应用场景实现丰富的组合，要确保这种异常庞大复杂而又精巧的计算平台的安全运行，高性能、可靠且全面的日志和安全审计功能是必不可少的。如图 4-18 所示是 Azure 的云端活动日志，通过审核这些日志，用户就可以了解"谁，何时何地，做了什么"。

在谷歌云 GCP 上，审计日志被划分为三大类。
- 管理活动审计日志。
- 数据访问审计日志。
- 系统事件审计日志。

活动日志						
▶ ⓘ List Storage Account Keys	Succeeded	2 天前	Tue Jun 18 201...			rayma@...
▶ ⓘ Create or Update Media Services Account	Succeeded	2 天前	Tue Jun 18 201...			rayma@...
▶ ⓘ List Paths	Succeeded	2 天前	Tue Jun 18 201...			ams
▶ ⓘ Start Streaming Endpoint Operation	Succeeded	2 天前	Tue Jun 18 201...			ams
▶ ⓘ write	Succeeded	2 天前	Tue Jun 18 201...			Azure Media Services
▶ ⓘ Create or Update Streaming Locator	Succeeded	2 天前	Tue Jun 18 201...			ams
▶ ⓘ Create or Update Content Key Policy	Succeeded	2 天前	Tue Jun 18 201...			ams
▶ ⓘ Create or Update Job	Succeeded	2 天前	Tue Jun 18 201...			ams
▶ ⓘ Create or Update Asset	Succeeded	2 天前	Tue Jun 18 201...			ams
▶ ⓘ Create or Update Transform	Succeeded	2 天前	Tue Jun 18 201...			ams
▶ ⓘ List Storage Account Keys	Succeeded	2 天前	Tue Jun 18 201...			Azure Media Services
▶ ⓘ Validate Deployment	Succeeded	2 天前	Tue Jun 18 201...			rayma@...
▶ ⓘ Registers EventGrid Resource Provider	Succeeded	2 天前	Tue Jun 18 201...			rayma@...

图 4-18

Azure 云端活动日志

其他云计算平台也有各自的日志归类和划分方法。

1. 日志保留期

每个日志都具有特定的保留期,关键性的日志信息的默认保留期较长,如账单信息;普通事件日志的保留期默认较短,如后台服务创建的普通日志。当日志记录到达其保留期后会被逐条删除。

2. 日志导出和下载

如果要长期保存日志,供日后审计和分析使用,就要使用日志的导出或下载功能。主流云计算平台都支持日志下载,在下载时可以选择使用 CSV、JSON 或 XML 格式。也可以将日志导出至云端存储空间,如微软的 Azure 存储账户。另一种方法是使用实时导出功能,每当新的日志记录被创建时,就实时导出至其他服务,例如,在 Azure 上可以使用事件中心(Event Hub),该功能可以在收到新事件消息时自动触发其他动作,如当收到服务器宕机的事件消息时,自动发送邮件提醒,并将该消息归档至特定数据库。当采用发布/订阅(Pub/Sub)模式导出日志时,还可以针对不同日志源、日志级别或严重性进行归类,将其发送至不同部门的消息订阅者,实现高效监控管理。

3. 消息源

需要了解的是,对于不同级别的云服务,其日志消息的报告级别是不同的。如果是一个 SaaS 级别的服务,那用户默认就可以从云平台上看到几乎所有的日志;而如果是 IaaS 级别的服务,比如虚拟机,通过云计算平台

就只能看到基础架构级别的日志，对于虚拟机内部，无论是软件还是用户操作所产生的日志，就无法直接获得。

对于这种情况，云计算平台一般都提供了日志收集功能，以虚拟机为例，只需在其中安装云服务商提供的日志代理软件，就可以将系统内部的日志发送到云计算平台的日志服务，从而实现日志的统一管理和分析。

4．日志查询

在云计算平台上，使用可视化界面可以直观地查询日志，但对于高级需求，如复杂的多条件查询、关联查询和绘制图表等，就需要使用查询语言编写查询语句了。为了简化日志查询和分析难度，微软的 Azure 采用了一种名为 Kusto 的语言，该语言不仅可以实现类似 SQL 的数据查询，还可以根据查询结果绘制多种可视化图表，如图 4-19 所示。

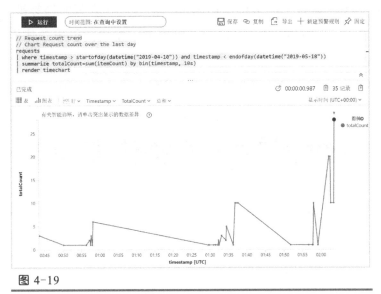

图 4-19

Azure 上用于查询日志的 Kusto 语言可以直接绘制可视化图表

有的云计算平台的日志功能还提供了 API 查询功能，用户可以使用程序化方法从 API 上获取日志记录，这种方法常见于使用商业智能（BI）软件对日志进行可视化分析的场景。

5．日志的访问控制

日志记录可能包括多种敏感信息，如主机名、IP 地址、用户名和用户

访问记录等，因此日志记录也需要被妥善管理。在云计算平台上为用户设定权限时，需要同时考虑该用户的日志访问级别，或者针对日志本身设定具有访问权的群组或对象。

需要注意的是，访问日志记录的对象既可以是人（即用户），也可以是其他主体（如用于监控的应用程序，或者是对日志进行可视化的软件），因此在设置日志访问权时需要同时考虑这些因素，并按照最小权限原则（即授予可以完成任务的最小必要权限）进行设置。

4.2.6　服务级别协议中的量化指标

服务级别协议是云服务商与用户之间的协议，描述了所提供的服务内容，以及平台、系统、应用程序的可靠性、可响应性、可用性和性能指标，同时指定了不同场景下服务中断的响应方法、责任人和赔偿标准。

服务级别协议（如图 4-20 所示）通常使用量化的值来具体描述服务，包括平均故障间隔时间（MTBF）、平均修复时间（MTTR）、读写速度（IOPS）、最大并发访问数量和数据副本数等。大多数服务级别协议都针对服务项目而制定，但也有基于客户的定制化协议。

图 4-20

Azure 虚拟机的 SLA

服务级别协议中最常提及的指标包括以下几个。

1．可用性

表 4-1 列出了不同服务级别所对应的服务宕机时间。从百分比来看，虽然 99.5%的服务级别听起来已经很高，但实际上每年允许服务宕机 1.83d，或每月 3.6h，这一级别对于许多关键业务来说还是非常糟糕的，如电商网站或订票系统就无法承受每月数小时的服务中断。

表 4-1 不同可用性级别对应的宕机时间

可用性指标（年化%）	每年总停机时间	每月总停机时间
99%	3.63d	7.20h
99.5%	1.83d	3.60h
99.9%	8.76h	43.8min
99.95%	4.38h	21.56min
99.99%	52.56min	4.32min
99.999%	5.26min	25.9s

2．故障恢复点目标

故障恢复点目标（Recovery Point Objective，RPO）描述了在故障期间最大可容忍的数据丢失量。换句话说，当一个业务系统崩溃时，可以容忍多少数据丢失？例如，如果每天午夜对数据库进行一次完整备份，第二天一早某系统出现了故障，在这种情况下，该系统会丢失从午夜到早晨大概 8h 的数据。如果该系统的 RPO 是 24h，那么这部分丢失的数据就不会对业务连续性造成影响；但如果该系统的 RPO 只有 3h，该业务将无法恢复。

3．故障恢复时间目标

故障恢复时间目标（Recovery Time Objective，RTO）用于描述灾难后业务恢复所需的时间。例如，如果系统允许 24h 的 RTO，当故障出现时，如果该系统在 24h 内得到恢复，则不会影响其运行；而如果无法在 24h 内恢复，则会造成无法弥补的损失。

以 Azure 的虚拟机为例，如表 4-2 所示是微软 2020 年 1 月的最新 SLA 协议，从该表可以看出，不同的部署方式也会对 SLA 产生影响。

表 4-2　Azure 上不同部署方式的可用性级别

部署方式	可用性
在同一 Azure 区域中跨两个或更多可用性区域部署了两个或多个实例的所有虚拟机	保证可在不少于 99.99% 的时间内与至少一个实例具有虚拟机连接性
在同一可用性集或同一专用主机组中部署了两个或多个实例的所有虚拟机	保证在不少于 99.95% 的时间内与至少一个实例具有虚拟机连接
所有操作系统磁盘和数据磁盘均使用高级 SSD 或超级磁盘的任一单实例虚拟机	保证将在不少于 99.9% 的时间内具有虚拟机连接性

4. 赔偿标准

当云服务商未能按要求实现最小服务级别时，如服务中断超过 10h，则必须根据协议内容向用户提供经济赔偿。因此，用户可以把服务级别协议看作是保险单，一方面从法律层面约束了云服务的性能指标和参数，另一方面当遇到问题时可以获得相应补偿。

例如，在 Azure 上，对于同一区域中跨两个或更多可用性区域部署的虚拟机，如果没有达到 SLA 规定的服务级别，按照 2020 年 1 月的服务级别协议，微软会按照表 4-3 的标准赔偿相应的服务信用。

表 4-3　不同正常服务时间对应的服务信用

每月正常服务时间（%）	服务信用
<99.99%	10%
<99%	25%
<95%	100%

在云计算平台上，用户也可以付费选择高级别服务，从而获得更好的 SLA 保证。例如，上面提到的 Azure 虚拟机服务，如果将虚拟机部署可用性区域或可用性集中，可以获得更高的服务可用性。

4.3　不可回避的合规性

现在，越来越多的企业都将业务系统迁移到了云端，虽然很多人在考虑云计算时更多关注的是性能、功能及特性等技术要求，但对于专业的 IT 人员来说，除了各种技术特征，还需要对云平台的合规性进行充分调研，以满足公司的法务和治理要求。云计算的合规性，指的是使用云计算平台时需要满足的法律和法规，合规性是在云端交付系统时必须考虑的原则之一。

对于不同行业来说，合规性代表不同的行业标准和法规。例如，在美国的医疗行业，所有提供医疗信息系统的公司必须遵循名为 HIPAA（Health Insurance Portability and Accountability Act）的法律，对某些类型患者的健康数据进行严格保护；随着科技的发展，各种新兴支付方式的出现（如电话交易、网上银行和扫码支付等），金融界的法规和标准也在不断变化。

了解云计算平台的合规性认证基本完全是用户的责任。将业务系统、数据迁移到云端前，用户必须弄清楚各个云服务商是否符合自身业务所需的合规性。一般来说，有两种方法可以让云端系统满足合规性。

● 完全依赖云计算平台自身的合规性认证，寻找可以满足合规性的云服务商。

● 与云服务商共同合作，云计算平台只需满足基本法规要求，用户自己通过各类配置和安全保护措施实现行业所需的特殊要求。

虽然法律不会阻止企业或个人使用云计算，但它对人们的决策具有重大影响。在迁移到云端时，人们要清楚地知道自己的数据将在哪些地方、国家被处理，哪些法律、法规适用于自己的业务流程，这些法规具有什么影响，然后针对合规性风险对业务和数据进行处理，尤其需要注意的是与跨境数据传输、个人信息和医疗信息处理、金融数据，以及国家敏感信息等相关的业务，一般都会受严格的法律规章管理。对云计算平台的合规性进行评估时，一些常见的问题包括以下几个。

● 自身业务是否要满足政府、法律、行业标准的特殊要求，如必须采用政府云或私有云。

● 数据在哪里存储。

● 谁可以访问这些数据。

● 这些数据应如何保存，是否需要加密，采用何种加密方式。

● 控制权和所有权都属于谁。

● 如何对云服务商提供的服务进行审计。

● 是否可以达到某一个法规、行业的标准要求。

● 是否可以满足电子取证的要求。

- 哪些人可以物理访问数据中心，针对访客的安全措施都有哪些。
- 是否安全地实施了数据和租户隔离。
- 云计算平台如何防范漏洞和安全风险。
- 有哪些数据备份策略。
- 如何确保云计算平台的服务连续性。
- 该云计算平台是否支持服务和数据迁移。

在中国，适用于云计算的一些常见国际认证和国内法律、法规，如表 4-4 所示。

表 4-4　适用于中国的法律、法规及认证

国际标准	ISO/IEC 20000 审核和认证	ISO/IEC 20000 是第一部针对信息技术服务管理（IT Service Management）领域的国际标准，其中包括建立、实施、运作、监控、评审、维护和改进 IT 服务管理等多个体系
	ISO/IEC 27001 审核和认证	ISO/IEC 27001 是全球领先的安全标准之一，其中包含了操作、安全和对商务流程的管理
	ISO/IEC 27018 审核和认证	ISO/IEC 27018 是首个专注于公有云个人数据保护的国际标准，其中包括信息安全管理、隐私和合规，涵盖基础设施、安全服务/系统、运维支持、数据中心基础设施等，以及与之相关的个人信息保护管理
中国标准	信息系统安全等级保护定级（DJCP）	根据《GB/T 22239-2008 信息安全技术 信息系统安全等级保护基本要求》，从低到高一共分为五级，第三级是涉及社会秩序和公共利益的重要系统，第五级是影响国家安全的极端重要系统
	可信云服务认证	可信云服务认证是在工业和信息化部的指导下，由数据中心联盟"可信云服务工作组"组织开展的云服务质量评估体系。该认证旨在培育国内公有云服务市场，增强用户对云服务的信心，保护正规云服务商，促进市场良性发展

4.4　可信云服务认证

2013 年 10 月，可信云服务认证（TRUCS）正式启动，该认证是我国目前唯一针对云服务的权威认证体系。该认证是在工信部通信发展司的指导下，由云计算发展与政策论坛成立的可信云服务工作组组织开展，标志着我国也拥有了自己的云服务质量评估体系。中国可信云服务认证的标识，如图 4-21 所示。

图 4-21

可信云服务认证标识

可信云服务工作组的主要成员包括工信部电信研究院、三家电信运营商、主要互联网企业和设备提供商。

可信云服务认证充分借鉴了日本、韩国和德国等国家的先进经验，并针对我国云服务市场的特征，结合用户关心的核心问题，制定了《云计算服务协议参考框架》《可信云服务认证评估方法》和《可信云服务认证评估操作办法》三个标准，这是国内权威机构首次开展云服务资质认证，其高规格和高标准对于国内云服务运营商提出了更高的要求，且对云市场的运营体系规范和行业规模扩大都有着重要的积极作用。

可信云服务认证的具体测评内容包括三大类共 16 项，如下所述。

● 数据管理类：数据存储的持久性、数据可销毁性、数据可迁移性、数据保密性、数据知情权，以及数据可审查性。

● 业务质量类：业务功能、业务可用性、业务弹性、故障恢复能力、网络接入性能，以及服务计量准确性。

● 权益保障类：服务变更、终止条款、服务赔偿条款，以及用户约束条款和服务商免责条款。

可信云服务认证将系统评估云服务商对这 16 个指标的实现程度，为用户选择云服务商提供基本依据。

目前，包括中国电信、中国移动、阿里巴巴、百度、腾讯、北京新浪互联信息有限公司（以下简称新浪）、北京京东叁佰陆拾度电子商务有限公司（以下简称京东）、世纪互联等主要云服务商都已获得该认证。

4.5 GDPR：史上最严苛的数据保护条例

2018 年 5 月 25 日生效的"欧盟通用数据保护条例（GDPR）"被称为史上最严苛的数据保护条例。该条例旨在加强对个人数据的控制，所有在欧盟开展业务的企业都必须"GDPR 就绪"，对于所有在欧盟收集公民数据的企业来说，其义务有所增加，这些新增的规则也在云计算方面产生了强烈影响。欧盟 GDPR 的认证标识，如图 4-22 所示。

图 4-22

欧盟 GDPR 的认证标识

1. GDPR 要求确切的数据存储物理位置

很多企业都已经将关键业务系统搬上了云端，对于互联网企业来说更是如此，因此云中可能存储了大量敏感数据；或者有些企业可能会使用云端的灾难恢复服务对本地数据进行备份，也会使大量敏感数据上云。云计算使存储位置变得模糊，但 GDPR 要求数据控制者（企业）和数据处理者（云服务商）都要知道敏感数据的准确位置，虽然 GDPR 没有要求个人数据必须保存在欧盟，但如果将这些数据转移到第三国或国际组织时，其转移地点必须在欧盟委员会预先批准的列表中，同时确保这些数据仍然享有与 GDPR 相同的保护标准。

2. GDPR 对数据保留具有严格规定

GDPR 强调数据所存储的时间不得超过其使用目的所需的时间，这对企业和云服务商都有影响，但企业作为责任共担的一部分，作为数据的控制者应设置数据保留策略，并为不同类型的数据定义明确的保留期。但由于采用了云计算，在云端存放的数据可能保存在多个位置，不仅增加了控制难度，而且使数据删除策略更加复杂，除了要根据保留策略及时删除业务系统中的数据，备份数据中也要被及时清理。

3．GDPR 严格要求个人数据不可被用于其他目的

GDPR 严格要求收集数据的目的必须与使用目的相兼容，例如，企业收集并存储的客户数据不能被云服务商在未明确征得个人同意的情况下将此数据用于营销目的。可兼容的目的通常是指为公共利益、科学研究或统计而进行数据收集。因此，在云服务商针对其他目的向第三方披露信息前，都必须征得特定方的同意。对于采用云计算的企业来说，也需要确保在服务合同中未授予云服务商在未征得同意的情况下将数据用于其他目的的权利。

4．GDPR 全面覆盖数据形式且强制执行

GDPR 涵盖各种形式的数据，只要在欧盟范围内都强制执行。该条例对移动应用程序具有极大影响，如聊天软件或在线游戏等，这些应用的用户遍及世界各地，使用云计算作为后台服务是非常合适的。但是，只要涉及欧盟用户，无论其数据形式如何，这些应用程序的开发商都必须清楚地了解这些数据在获取、传输、存储和处理过程中涉及的内容和方式。此外，虽然数据加密不是 GDPR 的强制措施，但考虑到该条例的各项复杂要求，软件开发商必须找到安全的客户数据保护方式。

从企业（云计算的用户）的角度来看，只要涉及欧盟业务或用户，在采用任何云服务前都必须对云服务商进行尽职调查，了解数据存储和处理的精确位置，确定该云服务商是否会将数据移动到其他地区的数据中心。

从云服务商的角度来看，虽然云计算是一种责任共担的服务，但由于云计算平台符合 GDPR 对数据处理者的定义，因此过去完全由客户负责的数据责任，其一部分责任也落在云服务商身上，所有在欧盟提供云计算服务的厂商都要实施 GDPR 标准，在个人数据保护方面保持良好的合规性。

目前，任何被认定违反 GDPR 的企业都会面临其年营业额的 4%或 2000万欧元的高额罚金，具体金额以较高者为准。

4.6　全球业务扩张不是梦

对于小公司而言，云计算全球分布的数据中心是绝佳的业务部署平台。

虽然与初创公司和中小型企业相比，大型公司对 IT 架构进行改善动作会很缓慢，但采用云计算的公司数量正不断增加。

互联网、信息技术使企业面对来自世界各地的竞争，而 5G、物联网等技术会进一步拉近人与人的距离，企业间的竞争也会更加激烈。当面对频繁变化的市场状况时，如果不能灵活调整业务流程、快速获取市场信息、迅速更改竞争策略，对于现代企业来说将难以在市场中继续存活。

虽然不能准确预测未来，但可以回顾过去，看看在云计算兴起的这十年间，对世界上的企业产生了怎样的业务影响。这一节将关注多个云计算应用案例，从不同角度了解云计算在业务扩张方面的影响和价值。

1. 香水巨头 Coty

香水巨头 Coty Inc（科蒂集团，以下简称科蒂）在 2010 年扩张动作不断，不仅买下了顶级护肤品和化妆品公司 Philosophy 和 OPI，与 Prada 的子公司 Miu Miu 签订了许可协议，购买了一个德国品牌，收购了中国第六大化妆品生产商，同时签下了 Lady Gaga 香水品牌。"我们的增长速度越来越快，整个 IT 系统也会随着业务发展而不断变化"，科蒂的全球 IT 主管 Carmen Malangone 当时这样评论。

2. IHG 洲际酒店

IHG 洲际酒店集团（以下简称 IHG）在 2010 年开设了 259 家酒店，并重新推出假日酒店品牌。在这些业务扩张的背后，是之前持续 5 年的大规模 IT 基础设施扩建：为了满足公司持续的业务增长需求，IT 部门购买了大量服务器，构建了新的软件，并重新制定了业务流程。公司高级副总裁 Bryson Koehler 表示他们更青睐使用云计算对自己筹建数据中心或开发软件不感兴趣。

4. Synaptics

Synaptics Incorporated（新突思电子科技公司）是业界领先的触摸屏和触控板制造商，在手机触控方案的全球市占率达到 40%。该公司在十年前实现了连续多年 25% 的年增长率，由于市场竞争激烈，该公司 IT 主管 David Riley 认为为了保持公司竞争力，应该将资金更多地投入到工程和研发领

域，而不是 IT 系统。

从上面这些企业发展痛点可以看出：现代企业一方面需要大量资源和资金投入维持业务增长，一方面又严重依赖于可随业务扩展的灵活 IT 架构，如果缺乏良好的 IT 架构支撑，不要说全球性业务增长，就连地区性业务扩张也会受严重制约。

因此，以往高度集成、标准化、固定化和严格管控的 IT 架构（包括机房、网络、软件和数据等）都无法快速适应不断变化的需求，也必然被资本市场快速抛弃。企业现在一方面需要灵活且强大的 IT 基础架构、软件和数据的创建、管理和执行能力，也需要更加经济的手段，让 IT 成为创造价值的平台，而云计算不仅可以提供了这种强大与灵活并存的特性，其计费方式也可以有效为企业节省在 IT 上的经济投入，在企业面对增长压力时，云计算可以提供更好的协作、可管理的增长、更低的开销、安全的数据存储、更好的可靠性，以及更轻松的全球化 IT 资源管理，因此广受企业青睐。

4.7　可靠的云端架构设计

创建 IT 系统和软件架构就像搭积木或者盖房子一样，如果基础设计得不牢靠，就无法确保上层的功能和可靠性。

云计算在很大程度上改变了应用程序的设计方式。同时，随着新的编程语言（微软、谷歌和苹果近年都有新的编程语言推出）、应用程序框架（如 Web 2.0 等）和硬件平台（如物联网 IoT）的出现，应用程序被分解为更小、更零散的服务，而不是一个完整的单体应用。

如图 4-23 所示的物联网 IoT 架构，实现了从数据采集到数据分析，最后到自动化事件响应的解决方案。这种方案常用于智慧城市、智能楼宇等场景。以智慧楼宇为例，最左侧的 IoT 边缘设备（Edge devices 和 IoT devices）可以是各种各样的传感器，包括温度感应器、烟雾探测器、红外感应设备、门禁和视频摄像头等，这些设备持续采集环境数据并将数据内

容通过云端网关（Cloud gateway）实时发送至中间的各种分析服务上，包括流式分析（Stream Analytics）和可视化报表工具（UI Reporting and Tools）等。在中间的分析环节，这些数据被进一步聚合、计算和筛选，将结果以事件的形式进一步传送至最右侧。事件可以是"温度大于 26℃""3 号门打开"或"508 房间探测到人员活动"等。最右侧的商业智能工具根据不同事件触发各类操作，如开启空调、发送警报等。

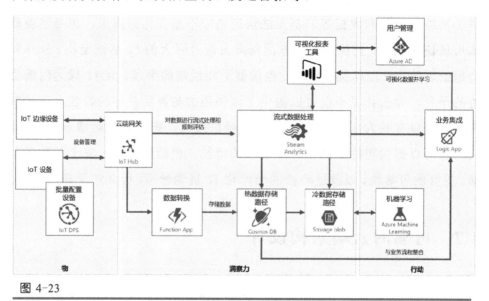

图 4-23

一个建立在 Azure 上的物联网 IoT 解决方案架构

大多数应用程序现在都运行在网络上，它们通过 API、异步消息传递或事件等方式在网络上彼此通信，为了满足性能和可靠性等目标，应用程序需要支持横向扩展（根据需要添加新实例），也要实现垂直扩展（根据需求调整性能）。

这些变化为 IT 和研发部门带来了很多新的挑战。尤其是当应用程序分布式运行时，许多操作都以并行的异步方式处理。在发生故障时，应用程序必须可以灵活应对。而大量微组件、微服务的出现，让自动化和可编排部署变得非常重要。同时，对各个组件的监控和遥测对于深入了解系统的安全和性能至关重要。

4.7.1　了解系统的弹性需求

与建筑物不同的是，IT架构和软件是由计算机实现的，它可以具备建筑物无法拥有的弹性，可以从故障或错误中恢复，这种性能叫作系统弹性。

在云计算平台上，应用程序通常是以多租户的形式搭建的，对于云计算平台上的资源来说，这些租户应用程序既有共享，也有竞争，还都依赖相同的网络架构进行通信，虽然云计算数据中心往往采用高标准建设，但终归还是依赖商用硬件，因此这些复杂架构和高强度运行状态都会使短期或永久性故障的概率提升。

为了保持系统弹性，确保业务平稳运行不受影响，云计算平台从不同层面都确保了系统弹性，让上层的租户无须担心基础架构。但是，对于自己运行在云计算平台上的业务系统来说，了解自己的系统弹性和可用性是非常重要的，在部署任何系统时，都应该搞清楚这几个问题：多长的宕机时间是可接受的，各类系统错误和故障对业务造成的影响是怎样的，以及在业务恢复过程中必须保持正常的组件有哪些。

4.7.2　认识可复原性和高可用性

可复原性（Recoverability）和高可用性（High Availability，HA）是实现可靠的云端软件和系统的基础。试想如果自己负责运营的是一个类似淘宝的在线购物平台，任何故障都会导致大量订单的损失，如何防止随时可能发生的故障对业务造成影响？如何让系统在意外事件出现时依然可以支撑业务运行？如何在不中断业务运营的情况下对系统进行维护更新？这都是可复原性和高可用性所关注的问题。

可复原性指的是在出现故障时系统可以自动恢复至正常状态，而且在完全恢复之前还可以继续运行，错误或故障只会造成极短的宕机时间和极少量的数据损失；高可用性则是指整个系统能够按照设计持续保持正常运行状态，不会出现长时间的宕机。

要确保整个业务系统的高可用性，首先要考虑到所有可能出现故障的

风险点，例如，应用程序遇到无法处理的错误；Web 服务器出现故障导致业务中断；例行或非计划内的维护导致系统重启；甚至是云平台自身出现故障等。这些风险点可能会涉及系统中多个组件，包括数据库、Web 服务器和文件存储等。对此，合理采用云计算平台上提供的一系列服务，包括灾难恢复服务、备份机制和冗余存储等可以提升系统弹性和可靠性。

但对于云计算平台自身的可用性风险如何进行防范，这就需要租户对云服务商承诺的服务级别协议（SLA）和提供的云端高可用性功能进行评估。例如，针对业务需要，选择可用性为 99.99% 的服务级别，或者选择具有冗余机制的服务项目（如将虚拟机部署在可用性集中）。

4.7.3　云端架构设计挑战

在架构设计方面，与本地部署方式相比，很多传统经验很难适用于云端。了解云端最佳架构设计方法，实现安全、高效且具有经济效益的云端系统架构可以极大提升业务成功的可能性。在云端实现架构设计，其挑战主要在于云计算提供了更多更细小、更分散的服务，这些服务可以使用网络、API、异步消息或事件进行通信，为应用程序提供了更丰富的分布式部署方式。

在 Azure 对架构师、开发和运营团队提出的云端架构设计指南中，总结了以下区别，如表 4-5 所示。

表 4-5　本地和云端部署的对比

传统本地部署方式	云端部署方式
庞大的集中式环境	松耦合去中心化的环境
针对可预测的需求而设计	针对弹性需求而设计
关系型数据库	多种数据和存储技术并存
强一致性	最终一致性
串行和同步处理	并行和异步处理
针对避免故障而设计	针对应对故障而设计
更新不频繁但规模较大	频繁的小幅更新
人工管理	自动化的自主管理
专门针对需求而配置的服务器	基础架构环境是恒定的

4.7.4　AWS 的云端架构设计准则

亚马逊 AWS 专门提出了一套针对云端系统架构的设计准则,其主要内容简单总结如下。

1．不要猜测系统容量需求

不要试图对基础架构的系统规模进行猜测,提前预估只会导致没必要的资源浪费或资源不足产生性能瓶颈。尽可能利用云计算提供的可伸缩性优势,在使用时根据实际需求进行资源调整。

2．以生产规模对系统进行测试

可以在云中直接创建生产环境并进行测试,然后删除这些测试资源即可。云计算平台只会根据资源用量收费,因此其成本与搭建本地环境相比微乎其微。

3．使用自动化手段降低架构调整难度

利用自动化手段,可以很容易且低成本地创建并复制整套系统,从而避免人工操作成本。自动化工具还可以提供变更管理、审计等功能,可以根据需要随时复建之前版本的架构。

4．采取演进式架构

本地部署环境通常是一次性搭建的静态化基础架构,随着企业业务需求的变化,会出现几次大的改动,但早期设计依然会对后期的新需求产生限制和影响。云计算平台提供了更灵活的架构环境,可以支持演进式架构设计模式,系统结构可以随着时间推移而发展,并不断利用新技术、新服务满足新的业务需求。

5．使用数据来决定架构设计

云计算平台上的各种性能和事件监控服务可以提供更丰富的数据,用以分析对业务产生影响的体系结构,并帮助用户基于事实数据制定改进策略。

6．通过演练来提升架构设计

通过在生产环境上安排定期演练来测试整体性能和工作流程,这样做可以帮助用户了解系统瓶颈,并积攒事件处理经验。

4.7.5 微软云服务决策树

微软的 Azure 云计算平台上的上百种服务让人眼花缭乱，在考虑将本地部署的业务搬上云端时，对于不熟悉或者缺乏经验的人来说很难做出正确的决策。微软专门针对这样的问题提供了决策树，如图 4-24 所示，帮助用户选择适用于自己的 Azure 服务。

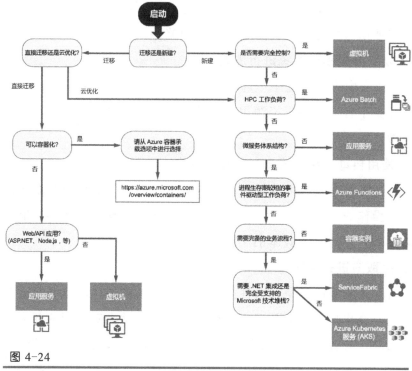

图 4-24

微软云服务决策树（图片来自 microsoft.com）

该决策树从"启动"开始，在每个节点都由一个问题作为分支选择条件，一直延伸到最终的 Azure 服务名称。需要注意的是，该决策树只是从宏观层面给出了服务选择建议，具体的服务级别、安全及合规性等问题需要由用户自行决策。

第5章

云计算核心服务详解

在上一章分析了云计算的安全性与可靠性，这也许是企业用户最关心的话题之一，因为安全与可靠是一个服务能被企业用户使用的前提。在了解了云服务的安全与可靠的特性之后，下面继续介绍云计算的各种核心服务。

5.1　堆砌 CPU 变超算——算力

算力是一切计算的基础，而算力的极致体现就是超级计算机，俗称超算。那么云服务是否能在超算的领域分一杯羹呢？

5.1.1　什么是超算？

也许对一般人而言有点太遥远，年纪大一点的朋友也许记得以前中国的银河系列，20 世纪 90 年代前后的各种新闻中都有所提及，那时候个人计算机对于很多人而言都很遥远，更不用说超算了。后来是天河系列与曙光系列，其中天河系列的天河-1A 还在 2010 年登顶了超算算力排行榜。近期，超算红人是神威系列的太湖之光，这位新秀在 2016 年也登顶了超算算力排行榜。超算的名字都是一些很宏大的概念，从名字中也能猜出这些机器的规模。图 5-1 是神威超算的一角。

图 5-1

神威超级计算机

超算给人视觉上的印象也许就是在一个巨大的房间里，整整齐齐排列的一排排大型机柜。如果读者看过老式银河系列的图片，还能看到大量裸

露在外面的线缆，科技感十足。与带有显示器和键盘的个人计算机不同的是，一般人见过的超算，或者脑海里的超算，似乎并没有太多跟人类交互的设备。这正是因为超算的用途跟普通的个人计算机完全不同。

普通的个人计算机主要用于用户的日常作业与娱乐，这类工作的特点是同一时间也许有多种完全不同的任务，比如一边听歌一边上网，即使是看起来单一任务的玩游戏，其实也包含了播放声音，显示和计算 2D 或者 3D 图形界面，计算游戏背后的逻辑，以及处理用户的键盘、鼠标、手柄甚至语音输入等多个子任务。个人计算机在处理这些任务时，每个任务的工作量其实并不大，但是每个任务都在跟用户通过声音、图像，通过键盘、鼠标，产生大量的互动。总的来说，个人计算机就是同时处理多种不同类型并且计算量小的任务。

有意思的是，计算能力远远超过个人计算机的超算，它们的职责却跟个人计算机完全相反。超算一般用于低交互、单一类型并且计算量大的任务，如天气预报、风洞模拟、核武器爆炸模拟、地震数据分析和加密解密运算等。读者也许会发现，超算多数的任务都是通过计算机来模拟现实世界的现象。没错，用计算机来模拟现实世界是目前运算量最大的工作之一，而且它对算力的需求没有止境。哪怕把一台超算的算力增加 10 倍，它模拟的任务仍然有办法把这些算力用光，最终提高自己的模拟精度。

5.1.2　超算的结构

如果读者拆开一台手机，会看到 CPU、内存和硬盘（以芯片的形式存在）等。如果读者拆开一台笔记本计算机，也会看到 CPU、内存和硬盘等。如果是台式机呢？读者看到的还是更大的 CPU、更大的内存和更大的硬盘等。那么超算呢？

每种超算的结构不尽相同，但是一台超算，尤其是最近几年的超算，与其说是一台大型的计算机，不如说是一个计算机群。超算是大量的计算与存储单元组成的计算网络。通过统一的操作系统调度，把一个单一的计算任务拆分后分配给该网络里的所有 CPU、GPU 或者专门定制的 FPGA 芯

片进行处理。以天河-1A 为例，它使用了 14336 片 Intel Xeon X5670 六核处理器，7168 片 NVIDIA Tesla M2050 高性能计算卡（主要完成浮点计算），还有 2048 片国产 CPU 飞腾 1000 八核处理器，如图 5-2 所示。

图 5-2

天河-1A

看到这里，有读者可能会问，如果在云服务上创建好一万个虚拟机（或者其他计算资源单位）实例，是不是也能模拟一个超算出来？

5.1.3 堆砌算力

如上一节所言，单一芯片无法达到超级计算机对计算能力的要求，所以超级计算机的架构中包含了大量的 CPU、GPU 和 FPGA 芯片，需要大量计算芯片协同工作来提供算力。而云服务也能通过类似的算力堆砌来模拟一台超级计算机。

1. 从网格计算说起

前面已经介绍了公有云出现之前堆砌超算的模式——网格计算，它是由许多松耦合的计算机组成的集群，通常执行非交互式的大型工作负载。网格计算与传统的高性能计算系统（如超算）的区别在于，网格计算机更趋向于异构和地理上的分散。

既然网格计算在解决部分问题上可以模拟超算，那么云计算也可以通

过同样的方式堆砌算力模拟超算。比起网格计算，云计算的计算资源更加可控，更加容易协调，相互之间的交互也更加简便。

2．堆砌算力的难点

堆砌算力的难点之一：保证计算单元之间的连通性，这是有代价的。为什么超算会有算力排名？那些排名较低的超算为什么不通过增加更多的机器来得到更高的算力？为什么新的登顶排名的超算都是新的超算或者改进过的超算（如天河-1A），而不是在原有超算的设计上简单增加 CPU 数量和内存大小等指标的"放大版"。这是因为规模的大小会对连通性造成影响，从而形成瓶颈。随着规模的变大，一个网络里机器之间的连通效率会受到极大的影响，最终达到某个上限。虽然用分治思路把一个单一的大问题拆成多个子问题分配了出去，但是这些子问题之间的数据是相关的，过大的规模会影响数据的交换，导致效率的下降。对于云服务而言，这种连通性造成的影响更加明显，因为云服务计算节点的物理距离、信息传输方式都是用户不完全可控的因素。

堆砌算力的难点之二：提供同样算力的硬件，云计算的成本更高。如果读者仔细看超算的新闻，会发现有一个指标叫 Gflops/W（10 亿次浮点计算秒每瓦）。这是超算很重要的一个指标，它代表了超算的能耗效率，即超算每瓦消耗会在指定时间内计算多少次浮点运算。在多数数据中心的成本中电费是最大的开销，包括机器运行的用电和空调等配套设备等的用电。但是在设计上，云服务首先要考虑的是安全性和隔离性，毕竟云服务的用户比起超算的用户要复杂得多。为了最大限度地隔离不同的用户，或者隔离用户和真实硬件所产生的成本，很多是超算运行环境并不需要付出的。

随着技术的发展，更多的计算任务被放到云服务上，云服务得到更多的改进和优化，上面的问题也会被慢慢解决。比如微软的 Azure，在其内部全范围推行基于 FPGA 的智能网卡（SmartNIC）和改进的加速网络（Accelerated Networking）来减少连通性带来的问题；由于硬件内置的虚拟化支持经过几年的迭代逐渐成熟，现在虚拟化的开销也越来越低。所以，现在通过云堆砌 CPU（或者更准确地说是 GPU）来当超算使用的可行性已

经越来越高了。

5.2 几亿 TB 也不是事——存储

曾有人说，所谓计算机，不外乎计算与存储。上一节笔者讨论了云服务的核心资源之一——算力，那么这一节笔者将介绍云计算的另一核心资源——存储。

5.2.1 云存储概述

云存储是云服务最基础的服务之一，云服务商将数据存储作为服务进行管理和操作。跟其他具有弹性的云服务一样，它是随需应变的，按需付费，不需要用户关心和管理底层硬件。这为用户提供了敏捷、持久、全球范围，以及随时随地的数据访问。

云存储区别于一般的硬件，它与访问它的计算资源并不一定在同一操作系统的管理之下。事实上，多数云存储都是完全独立的硬件资源，是其他应用通过网络访问购买的存储资源。

云存储兼容多种访问格式，它可以是虚拟机的一块硬盘，如 Azure 的 Managed Disk；也可以是第 5.3.2 节提及的亚马逊 DocumentDB 背后对应的存储模块；还可以作为网络硬盘通过 SMB、NFS 甚至 Web API 开放给其用户。

与其他云服务的资源一样，多个用户的云存储资源通常会共享同一个实际的存储硬件，动态地分配硬件资源；或者同一个用户的存储资源也许会分布在多个不同的硬件上，但是这种分布式的资源整合对用户是完全透明的，用户的应用可以按需请求超过单一硬件提供的存储容量。

5.2.2 云存储的分类

云存储分为 3 种类型，即文件存储、对象存储和块存储。3 种存储类

型完全针对不同的使用场景。如果需要一个文件交换空间，如网络硬盘服务，可以选择文件存储。对于应用程序，尤其是以面向对象方式编写的应用程序，可以选择对象存储作为业务的持久化层。如果用户希望得到一个完全由自己操作的大段二进制数据存储空间，或为虚拟机增加一块磁盘，那么块存储是唯一的选择。

1．文件存储

文件存储是最常见的存储服务。一些应用程序需要访问共享文件并需要一个文件系统。Azure 的 Managed Disk 和亚马逊的 Elastic File System（EFS）都是这一类服务，这样的文件存储解决方案非常适合于大型内容存储库、开发环境、媒体存储或用户主目录等使用场景。

2．对象存储

对象存储是另一类业务应用常用的存储服务，在云上运行的应用程序常常利用对象存储的巨大可伸缩性和元数据特征。像亚马逊的 Simple Storage Service（简写为 S3）这样的对象存储解决方案非常适合从零构建需要伸缩性和灵活性的现代应用程序，还可以用于导入现有数据存储以进行分析、备份或存档。

表 5-1 对比了亚马逊的 AWS、微软的 Azure 和谷歌的 GCP 上的对象存储服务。

表 5-1　三个主流的国际云计算平台的对象存储服务对比

	Azure	AWS	Google
服务名词	Azure Storage (Blobs)	S3	Google Cloud Storage
可用性 SLA	99.99%	99.95%	99.95%
热数据存储	Hot Blob 存储	S3 标准版	GCS
冷数据存储	Cool Blob 存储	S3 标准版-低频访问	GCS Nearline
冷数据归档	Cool Blob 存储	Glacier	GCS Coldline
存储对象数量限制	无限制	无限制	无限制
对象大小限制	500 TB/每存储账户	5 TB/每对象	5 TB/每对象

3．块存储

块存储通常用于作为其他存储结构的基础存储。块存储用于存储完全

无结构的数据，没有文件或者对象的概念，如作为一个虚拟机的磁盘接入虚拟机，由虚拟机在其上创建文件存储。

块存储由于其无结构的特性，在所有的存储类型中读写的延迟是最低的。

5.3　大规模服务架构的拿手好戏——分析

也许前面两节介绍的算力和存储都过于抽象，离实际的应用太远。这一节将介绍由于拥有云服务的算力和存储能力，使云端进行数据分析成为可能。

5.3.1　数据分析概述

数据分析带来的诸多优势来自于它识别一组模式并对过去的经验进行分析的能力。通常，这个过程被称为数据挖掘，这个概念仅仅意味着在数据集中发现一些通用的模式，从而更好地理解趋势。尽管数据分析和大数据提供了各种好处，但由于员工无法快速、可靠地获取这些信息，这些好处的大部分潜力都被忽视了。有人曾估计，85%的《财富》500强企业没有从大数据分析中获得全部好处，因为它们无法获得数据，导致它们错过了更好地与客户联系并满足客户需求的潜在机会。随着分析转向云服务，数据分析开始变得便利起来，因为公司员工可以从任何位置远程访问公司信息，将他们从本地的计算机及网络中解放出来，从而使数据更容易被高效地利用。在国内，互联网时代出现的电商平台都会推出自己的数据分析云系统，这些系统让他们的销售人员更好地利用销售数据，从而提高利润率。

5.3.2　云端数据分析的场景

云端数据分析简化了数据存储、汇总、归类和读取的过程，这 4 项都是数据分析的前置条件，再结合云服务所提供的强大而有弹性的计算能力，大规模数据分析变得轻而易举。下面列举了 4 种常见的云端数据分析的例子。

1．社交媒体

云端数据分析的一个非常流行的方向是聚类和解读多个社交媒体上的事件。在云计算出现之前，要处理不同社交媒体上的各个不同的活动不是一件容易的事情，尤其是数据存储在不同的数据服务器上。云计算对计算资源和存储资源的调度能力，可以同时对多个社交媒体的数据进行分析，快速地量化结果。

2．产品跟踪

长期以来，亚马逊一直以高效和有预见性著称，因此，它在云端使用数据分析来跟踪产品，并根据需要将产品运送到任何地方，而不管这些产品是面向终端消费者，还是企业用户。除了使用云端的数据分析为自己服务，他们还提出了 Redshift 计划，成为大数据分析服务的领导者。Redshift 为小型组织提供了许多与亚马逊相同的分析工具和存储功能，并充当了信息仓库的角色，这使得小型企业不必在大量的硬件上花钱来追踪自己家的产品。

3．用户偏好追踪

在过去 10 年左右的时间里，Netflix 因其 DVD 的递送服务和网站上的视频服务而备受关注。他们网站的亮点之一是电影推荐，它跟踪用户观看的电影并为用户推荐他们可能喜欢的其他电影，为客户提供服务的同时也促进了自己产品的访问量。所有用户信息都远程存储在云端，这样用户的偏好就不会因为用户登录的计算机不同而变化。因为 Netflix 追踪了所有用户对电影和电视的偏好和品味，所以 Netflix 能够根据观众的品位制作出一个电视节目，从统计数据上看吸引了很大一部分观众。2013年，Netflix 的《纸牌屋》成为有史以来最成功的网络电视连续剧，这要归功于 Netflix 对存储在云端的订阅用户观看习惯和剧情偏好等信息的数据分析。

4．商业记录

云端数据分析允许大规模并行地记录和处理数据，而与产生数据的终端的距离无关。一家公司可以跟踪某一产品在所有分支机构或特许经营机

构的销售情况，并根据需要调整生产和发货。如果产品卖得不好，他们不需要等待当地商店的库存报告，而是可以通过自动上传到云端的数据远程管理库存。数据存储在云端有助于提高业务运行效率，并使公司更好地了解客户的行为。

5.4 大数据不可或缺的——数据库

在前面三节，笔者简述了云计算所提供的算力、存储的特点，也提到了云计算为数据分析带来的变化。这一节，笔者将介绍这三者的纽带——云数据库。

5.4.1 云数据库概述

所谓云数据库，是通过云平台构建和访问的数据库服务。它提供许多与传统数据库相同的功能，并增加了云计算的灵活性。

跟传统的数据库相比，在云端部署的数据库，一般具有以下特点。

1）由于用户无法接触也无须管理承载数据的硬件和操作系统，大多数数据库服务会提供基于 Web 的控制台，最终用户可以使用这些控制台来提供和配置数据库实例。

2）底层软件堆栈通常包括操作系统、数据库和用于管理数据库的第三方软件。服务提供者负责安装、打补丁和更新底层软件堆栈，并确保数据库的整体健康状况和性能。

3）不同的云服务商会在传统数据库的基础上提供额外的可伸缩特性。具体细节因服务商而异。

4）云服务商通常会承诺一定程度的高可用性（类似第 3.1 节的 N 个 9 的承诺）。这是通过在各个环节提供冗余，比如网络的冗余、多个数据实例和数据的实时备份来达成的。

5）针对云服务的特性，也有供应商提供完全不同于传统数据库的云数据库，多数是便于水平扩展的 NoSQL 数据库和基于 MapReduce 或者其他

大数据处理流程的大数据池。

5.4.2 云数据库的例子

除了把传统的数据库托管到云上之外，各大云服务商还根据云服务完全由服务商部署和管理的特点，设计了全新的数据库。

1. 亚马逊的 DocumentDB

亚马逊的 DocumentDB 是从零开始设计和实现，针对云服务设计并兼容 MongoDB 的一款数据库。在 DocumentDB 中，存储和计算是解耦的，允许各自独立伸缩，并且可以通过在几分钟内添加多个低延迟的读取副本（无论数据大小），将读取容量提高到每秒数百万个请求。

DocumentDB 在协议层兼容 MongoDB 的协议，不同于 MongoDB 计算和存储都发生在同一操作系统内，DocumentDB 充分利用了云服务计算资源和存储资源分开的特点，重新设计了分布式流程。

2. Azure 的 Cosmos DB

Azure 的 Cosmos DB 是微软的全球分布式多模型数据库服务，可以跨越全球任意数量的 Azure 区域进行部署，灵活而独立地扩展吞吐量和存储空间。用户可以使用自己喜欢的 API（包括 SQL、MongoDB、Cassandra、Tables 或 Gremlin）来利用快速的单毫秒数据访问。Cosmos DB 为吞吐量、延迟、可用性和一致性保证提供了全面的服务级别协议，这是其他数据库服务所不能提供的。

跟 DoucumentDB 一样，Cosmos DB 是基于云服务的特点而设计的，对于第三方 API 的兼容性体现在接口协议上，而内部系统完全进行了重新设计。

5.5 天上云朵朵，地面皆可连——同步

对于前面的几节，笔者讨论了数据的计算、存储、应用，也涉及了一些被广泛使用的数据库。这一节，笔者将介绍数据的同步。

5.5.1　数据同步的进化历史

数据同步技术从完全不能同步（如计算器里的数据），到把歌曲从计算机同步到 MP3 内部存储，到最后云端实时按需把数据推送到用户的各种终端，一直在不断地发展。

1．角落里不可同步的数据

有些家庭在 1990 年年前后装上了固定电话，那时候的固定电话还是模拟信号的拨号方式。后来，有些电话带有了液晶显示屏，可以记录最近几个拨入和拨出的号码。这便是人们生活中最早出现的电子数据之一。这类数据与更早出现的水表、电表等当时还是机械或模拟电路结构的仪表的读数有相似之处，这类数据无法跟其他数据直接连通，用户需要人工地把一个地方的数据抄写到另一个地方。

2．传统的数据同步

最原始的电子数据同步，也许是相同电子设备之间的数据复制，把一张 CD 上的内容复制到另一张 CD 上，把游戏机的存档信息从游戏中读取出来，又立即存入另一张存储卡。

个人计算机时代，不同的信息（如音乐、文本等）都在计算机中被视为文件，人们通过软盘和 U 盘复制和传递文件。当时微软的 Windows 系统还有一个公文包的概念，用户可以在软盘上放置一个公文包，与计算机上的某个目录对应，当插入 U 盘时会自动把计算机上的文件与 U 盘上的公文包双向同步。这种设计思想也许是后来苹果公司的 iPod、iPhone 的同步系统的鼻祖，它带来了电子数据的"移动"时代。

3．云端存储与数据同步

因特网出现之后，大量的数据开始保存在云端，比如电子邮件、公司的文档、个人的文章、音乐、电影等。对于如何同步这些数据，根据客户端的离线和在线有两种不同的同步方式。

（1）客户端离线的间断性同步

"离线"这个概念出现是因为因特网把连网称为"在线"。随着因特网

和电子邮件的出现，电子邮件系统出现了最早的"云"意义上的同步概念，即把服务器上邮箱中的邮件全部下载到本地，并把待发送的邮件发送出去。也许读者能注意到，这是一个批处理的过程，由于当时硬件和资费的限制，用户往往无法一直保持网络连接。如图 5-3 所示是 Windows XP 时代的 Outlook（Microsoft Office XP 的组件之一）同步邮件的进度对话框。

图 5-3 的图片位置。

Outlook Synchronization

Status:

Progress: 0 %   Stop

☐ Log Outlook Sync   View Log File

Sync Now   Settings...   Close   Help

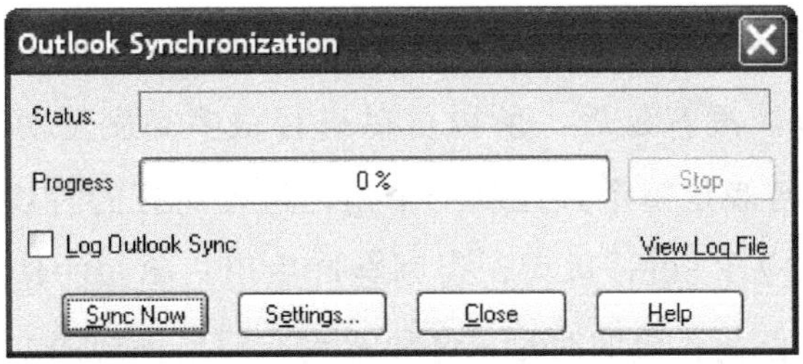

图 5-3

Outlook 同步邮件的进度对话框

当时的人们往往是在家里或者公司同步完当天的邮件，然后离线阅读、回复邮件，把回复的邮件暂存在客户端中，直到下一次连上网络同步时发送出去。

这种设计理念影响了很多移动软件，包括笔记本计算机上的软件和手机上的软件。也许用户会在不同软件上看到类似离线存储和离线缓存等功能，供用户在无法接入网络时继续使用该软件。

（2）客户端一直在线的实时按需同步

随着手机网络的发展，资费的下降和传输速度的加快（无论是带宽的增加还是延迟的降低），用户的离线时间变得越来越少，从而对离线缓存的需求也越来越少。智能手机上的许多应用在设计阶段就不会考虑用户无法连网的情况，不会设计"离线缓存"的功能，也不会暂存用户的操作，所有的内容都是在用户需要时，即时从云端获取。用户对云端数据的任何操作，也会立即提交到云端。如果用户没有连网，则这个客户端的功能将受到极大的限制。

5.5.2 游戏进化史就是云数据交互能力的进化史

游戏经常第一时间从科技的进步获得好处，如存储空间的增加、CPU能力的提升，以及显卡的增强。3D加速显卡的出现可以说完全是为了游戏而存在。多人游戏则反映了数据交互能力的变化。

1．单机多人游戏时代

单机多人游戏时代，网络还是个奢侈品，人们可以在同一台游戏机同一个屏幕上进行多人游戏。这种方式屏幕空间有限，但是因为是在同一台机器上进行操作，没有延迟，所以可以进行很多高度互动的游戏，如格斗游戏街霸。格斗游戏是每个人控制一个角色进行对打的游戏，一般要求从用户输入到系统响应在50ms以内，否则会产生用户感知的延迟。这段时间被认为是格斗游戏百花齐放的时期。这种游戏在网络出现的初期，由于延迟的存在，很难跨网络实现。

2．局域网多人游戏时代

局域网的出现，每个人都拥有自己的屏幕，通过有限的网络传输延迟，人们可以进行相对复杂的交互游戏，如即时战略游戏。红色警戒（Red Alert）、魔兽争霸（Warcraft）和帝国时代（Age of Empires）都是那个时候的产物。这种游戏对延迟的容忍度高于格斗游戏，一局对战的玩家数在2～8人之间。一般网络的架构是一台玩家的机器作为主机，负责计算所有人的操作输入，其他玩家的机器仅仅作为输入和显示内容的设备，以保证战况一致。

3．互联网多人游戏时代

得益于基础设施的完善，全世界任何一个人都能跟另一个人简单联网。在这里，读者也许会注意到从局域网时代过渡到互联网时代的一些中间产物，比如星际争霸1（Starcraft），它同时支持局域网连接，和基于中央服务器的战网连接（统一网络服务）。但到了星际争霸2，它就只支持战网对战了，完全不考虑局域网的概念。

21世纪初期，一个全新的游戏类型——大型多人在线角色扮演游戏

（Massive Multiple Players Role-Playing Game，MMORPG）诞生了，魔兽世界（World of Warcraft）就是其中的佼佼者。通过一个服务连接所有的玩家，实时互动。云服务承担了大多数的逻辑计算任务，玩家的计算机仅仅是负责输入和逻辑计算结果的图形展示。

4. 云服务为游戏行业带来的改变

云服务为游戏行业带来的改变，分为两个阶段。第一个阶段是在云服务上为游戏服务器提供常用的基础组件，或把游戏服务器整体放在云服务上运行；第二阶段是连同游戏客户端也放在云端，以流媒体的形式进行游戏，用户的设备仅仅用于显示游戏的内容和接收用户的输入。

（1）提供基础组件的云服务商

与网站、大规模计算和存储等需求一样，游戏服务器之间也有相同的基础组件，这正是云服务公司的切入点。一般的云服务可以为游戏服务器端提供网关、运行虚拟机、容器管理和存储等大众化的组件，而有些提供商则针对游戏行业本身的需求定制开发了相应的组件，如为游戏服务器端的开发而服务的公司 Improbable。

Improbable 是一家在亚马逊云、微软云、谷歌云和阿里云提供其特色服务的提供商。它为游戏制作提供框架级的服务，如角色属性管理、游戏地图管理、物理计算、数据多端同步，以及全球跨云服务基础设施提供商发布等一系列服务。这些服务延续了其他云服务商的思路，在游戏这个细分领域展开。

（2）以流媒体的形式进行游戏

不同于 Improbable 面向服务器端开发提供基础组件的服务方式，索尼公司（以下简称索尼）、微软和谷歌等另一批云服务商为游戏开发商在云端颠覆性地提供了客户端运行环境，并通过流媒体推送到玩家的桌面，可以称为游戏界的瘦客户端解决方案。

在此之前，游戏开发商需要对 Windows 的 DirectX API、Linux（包括Android 和旧版 Mac OS）的 OpenGL，甚至 iOS 和 Mac OS 新推出的 Metal API进行适配，还要考虑不同计算能力的 CPU 和 GPU 的情况。对于玩家而言，

许多游戏都对硬件有一定的门槛要求，购置硬件需要一笔不小的开销。

流媒体这种解决方案解决了开发商需要为不同的终端操作系统和硬件计算能力适配不同的客户端的痛点，通过单一的运行环境为不同终端提供游戏服务。开发商只需针对云服务商单一类型的客户端环境进行开发，就能让游戏为所有玩家服务，甚至能把游戏卖给那些没有高端硬件的玩家。

玩家只需要一个足够快的网络和一套合理的输入及显示设备，就可以愉快地玩游戏。

这种解决方案的受益者不仅仅是前面反复提及的多人游戏，任何游戏都可以因此受益，也杜绝了盗版的可能。

5.5.3 云服务上的多端同步基础设施

从前面两小节可以看到，同步的概念正在变得模糊。但是由于网络并不是无时不在的，带宽和流量也不会无限大，所以依然有需要同步的场景，尤其是在手机端。

Azure 云提供了手机端的离线存储服务，作为多端同步的基础设施。该设施的核心是在云端的一系列用于多端同步的数据表（Sync Table），各个客户端通过 REST API 操作这些数据表格。每个客户端都有自己的本地存储（Local Store），任何对数据的修改在没有网络的情况下都会先保存在本地存储中。

Azure 云为该同步服务定义了 4 种关键操作，来完成多端同步的各种情况。

1．推送（Push）

推送是从客户端向云端同步表格的操作，它发送自上一推送以来的所有创建、修改和删除操作。

2．拉取（Pull）

拉取是针对每个数据表执行的，用户可以定制自己的查询，只检索服务器数据的一个子集。Azure 移动客户端 SDK 将服务返回的结果数据插入本地存储。

3．隐式推送（Implicit Push）

如果一个客户端有本地更新没有及时推送到服务器上，在从服务器更

新数据之前，会先执行隐式推送操作，以便让服务器接收到最新的数据，并且解决数据之间的潜在冲突。

4．增量同步（Incremental Sync）

增量同步是拉取操作的一个子集，每次拉取操作返回一组结果时，该结果集的更新时间将存储在本地存储中。随后的拉取操作仅检索该时间之后的记录。

以上 4 个操作，为不同业务类型的应用程序指定了统一的标准，极大地简化了工程师设计业务同步系统的负担。

5.6 高速路上的私人专用道——专线

上一节讨论的数据同步所依赖的正是各个设备、各个数据中心节点之间的网络。大多数云服务商都不止一处数据中心，为了高效地在两个数据中心之间传递数据，云服务商会在两个数据中心之间建立专线连接，这些专线，就如同在互联网高速路上的私人专用道。

5.6.1 专线的物理构成

专线是个抽象的概念，它可以是一根光纤，也可以是一条大的骨干线路上的一部分专用带宽，甚至可以是通过卫星中继的两个地面数据交换站之间的专用带宽。以亚马逊数据中心之间的专线为例。亚马逊全球主干网是电信级主干网，这意味着它是按照世界上最大的几个互联网服务提供商的标准建造的。亚马逊在各地区之间有 100 Gbit/s 冗余线路，并计划迁移到 400 Gbit/s。网络硬件绝大部分是亚马逊从端到端私有的，剩下的部分是租用了其他互联网服务提供商骨干网上的专用线路。

5.6.2 专线的优势

专线有两大优势：端对端不受干扰的专用带宽和全程稳定的路由策略

（专线上的路由节点都是静态确定的）。

1. 端对端不受干扰的专用带宽

对于一般互联网通信而言，由于总带宽是所有互联网用户共享的，所以瓶颈可能会出现在任何地方。例如，当用户在中国访问美国的网络时，也许他用到的其中一条海底光缆会出现拥挤，导致传输效率的下降和网络延迟的波动。

公司自建或者租用的多个不同地区的机房之间，这种情况也同时存在。如果单纯依赖公共网络设施，网络的质量会为业务增加额外的不稳定因素。

而专线由于独占带宽且带宽固定，网络传输可以以恒定的速率进行，用户可以对传输速度有个稳定的预期，开展业务时不会受到当地网络环境使用高峰期的影响。

以亚马逊为例，亚马逊的全球私有骨干网与公共网络在物理上隔离，用户可以以较低的成本（相对于互联网应用提供商的专线而言）获得专线服务。还能与亚马逊内部用户私有网络的配置相结合，让用户轻易地获得多个区域私有网络的高速连通。

2. 全程稳定的路由策略

延迟是影响应用程序性能的一个重要因素。对于网络而言，延迟很大程度上取决于信息传递过程中经过的一系列路由器节点。在公共网络中，两点之间的路由器节点是动态的，每一个路由器在转发网络上的信息时，都会根据当时它获得的网络配置和状态，选择合适的下游路由器进行转发，不同的选择可能会导致网络延迟的波动。而专线，无论是厂商自己架设的光纤还是租用了电信供应商的骨干网带宽，它的整个路由过程都是静态的、稳定的，可以获得稳定的网络延迟。

以亚马逊为例，亚马逊的全球主干网通过稳定、不受外界影响的路由策略和其他工程设计以达成延迟的最小化。即使数据传输的两端在骨干网之外，亚马逊也会通过直连（Direct Connect，亚马逊提供的路由解决方案）结合私有主干网选择最佳路径把内容投递给用户，从而减少了延迟。亚马逊还提供了前哨站（Outpost）来连接私有主干网和企业自有的数据中心，从而最小化了跨区域业务的延迟。

第 6 章

动手实验，认识主流云计算服务

2008 年全球金融危机后，全球经济活动就有所放缓，但在某些领域却似乎没有受到这一疲态的影响，而是继续保持增长，云计算就是不断增长的行业之一。根据 Gartner 的调研报告，全球云计算市场在 2019 年整体增长了 17.5%，市场规模达到 2143 亿美元。图 6-1 展示了近几年全球公有云服务的市场规模。

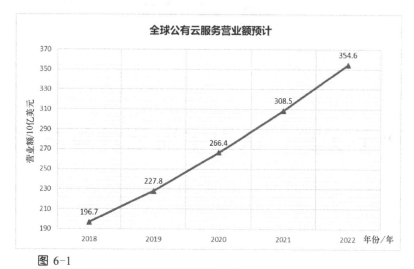

图 6-1

全球公有云服务营业额预计（数据来自 Gartner 2019 年 11 月的调研报告）

不仅市场规模在增长，云服务商也在不断加大对市场的投入。随着全球云计算业务的高速发展，更多样的云服务发布，云服务商需要越来越多的数据中心来处理这些新兴业务，尤其是微软和亚马逊这两大市场主导企业。目前（截至 2020 年 7 月），亚马逊在全球拥有 76 个可用区，每个可用区有一个或多个数据中心，根据第三方报告显示，亚马逊在 2019 年全年资本支出达到 260 亿美元，增幅较前一年增长了 7%。

本章将带你了解主流云服务商和他们的服务，同时也会对国内领先且具有代表性的云计算平台进行介绍，本章还会涵盖一些专门针对政务、游戏等行业提供云计算的服务。此外，本章也会提供一些具有趣味性的动手实验内容，读者可以跟随实验步骤动手搭建自己的云端应用。

但也请读者注意，本书并不是各个云服务的官方操作或使用指南，对

于具体服务和产品的名词、概念、定价和协议标准等，需要读者自行了解。本节的所有动手操作都要求读者具有一定的基础操作能力，本书的目的也不是详细介绍每个步骤，因此，如果你遇到不明白的地方，请参考厂商的官方文档详细了解。

6.1 微软智能云

20 世纪 80 年代以来，微软始终是全球 IT 产业的领导者。自 2014 年萨提亚·纳德拉（Satya Nadella）担任微软 CEO 后，对公司进行了史无前例的转型，宣布微软要"移动为先，云为先"，在战略计划上认为微软不再依赖 Windows，而是拥抱云计算，关注所有平台上的技术。

如今，微软在云计算市场已经是世界上最顶尖的厂商之一，同时也打破了人们对微软的传统认知，不再画地为牢，而是成为开源社区的强有力盟友，还将许多软件和服务引入了苹果 iOS 和开源 Linux 平台，宣布与红帽 RedHat、Salesforce 等企业开展广泛合作，推动了微软在云计算和人工智能方面的发展，并且成为开源社区最大贡献厂商。

在《刷新：重新发现商业与未来》一书中，萨提亚·纳德拉强调了这些战略转型对微软文化产生的显著改变，过去，硅谷的企业几乎都不想与微软产生任何关系，人们追捧的是谷歌、Facebook 这样的企业。而现在，微软重新找回了备受瞩目的市场地位，以开放、合作创新的心态在云计算时代实现了自我突破，也贡献了优秀的产品供市场选择。

在云计算市场，微软提供了广泛的服务和多样的选择，由于其超长的产品线和服务组合，微软的云计算战略与其他厂商具有显著的区别，微软强调"三朵云战略"，其中不仅包括公有云服务 Microsoft Azure 与混合云解决方案 Azure Stack，还针对企业生产力需求，提供了云端 SaaS 产品 Office 365 和 Dynamics 365。表 6-1 列出了微软针对不同场景的三朵云服务，其中 Azure 主要针对 IT 基础架构和计算生产力；Office 365 可以被简单认为

是 Office 软件的云端版本，主要提供办公生产力；而 Dynamics 365 则为企业提供了商业生产力服务。

表 6-1　微软的三朵云服务

微软三朵云服务	类型	介绍
Azure	IaaS PaaS	企业级云计算平台，提供了超过 100 种云计算服务，通过 Azure Stack 提供了目前唯一具有一致性的混合云
Office 365	SaaS	微软云端生产力平台，支持 Office 套件云端同步、在线协同、跨设备分享和移动办公等需求。Office 365 采用按需付费、自动更新的模式，以订阅方式对版本和用户进行管理
Microsoft Dynamics 365	SaaS	云端客户关系管理（CRM）与企业资源计划（ERP）服务。具有按需订阅、快速部署、灵活扩展、无须 IT 升级维护等优势，可以与 Azure、Office 365 等微软服务密切整合

虽然亚马逊的 AWS 是云计算市场最早的开创者，并大幅领先微软的 Azure 服务，但如果将微软的三朵云服务（包括 Azure、Office 365 和 Dynamics 365）视为一个整体来看，微软毫无疑问占据了云计算市场的头把交椅，这三朵云彼此配合，从技术、商业和生产力三个方面共同入手帮助企业实现现代化和数字化转型，这种相辅相成的产品组合也使微软的领先地位不断加强。

另一方面，微软三朵云的战略布局也形成了更加平衡的业务组合，这种不严重依赖某一业务的状态，不仅使财务收入平衡性上更加健康，也可以让微软更加耐心地长久专注于云端业务发展。在 2020 财年第一季度，微软商业云业务收入实现了 116 亿美元的营收，同比增长了 36%。

有媒体预测微软云服务将成为每季度 100 亿美元的业务，其强劲的增长也使微软股价不断创下新高（如图 6-2 所示），投资者也获得了丰厚的回报。在 2019 年 6 月，微软市值重新回归世界第一的位置，达到 1.049 万亿美元，这一数字超过第二名亚马逊 1000 亿美元。

6.1.1　Azure 的发展历程

Azure 提供微软的 IaaS 和 PaaS 云服务，Azure 的英文含义为天蓝色，

很形象地描绘了一切都在云端的愿景。

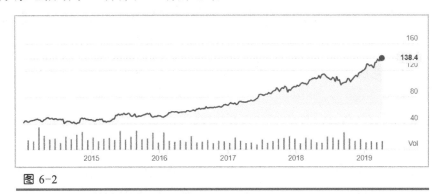

图 6-2

自 2014 年起微软股价持续走高（单位：美元）

到 2020 年，Azure 已经有 12 年历史了。Azure 发布于 2008 年 10 月，当时在微软内部的原始项目代号是"红狗（Project Red Dog）"。

亚马逊在 2006 年推出 AWS 的"简单存储服务（S3）"的两年后，微软首席软件架构师 Ray Ozzie 在微软开发者大会上宣布微软计划推出自己的云计算服务，当时采用的品牌名称是 Windows Azure。Azure 早期决定的主要服务类别包括以下几个。

- 针对计算、存储和网络的 Windows Azure。
- 针对数据库的 Microsoft SQL 服务。
- 面向开发人员的 Microsoft .NET 服务。
- 用于文件共享的实时服务。
- 由微软的 SharePoint 和 Dynamics CRM 组成的 SaaS 服务。

在当时对外宣布这一计划时，微软承认亚马逊在云计算领域的领导地位，指出"AWS 已经建立了基本的设计模式、架构模式和商业模式"，认为微软需要从中学习经验，从而可以将自己的所有企业软件都以在线服务的形式提供。

2008 年，微软推出了云服务的预览版本，并于 2010 年 2 月推出了 Windows Azure 云计算平台。在随后的几年里微软不断为 Azure 添砖加瓦，增加了对开源软件的支持，即使对于不喜欢微软的企业来说，Azure 也逐渐成为一个不可忽视的可选平台。

在 2011 年 5 月，微软.NET 平台的主管，当时微软的公司副总裁 Scott Guthrie 接管了 Azure 应用平台团队，在他的领导下，Azure 的用户界面从 Silverlight 应用重写为更加轻量级的 HTML5 Web 门户。自那时开始，Azure 平台也逐步进行各项改进，开始给人们一种更加富有组织、体验日趋友好的云服务。

到 2014 年，Azure 发布了全新的管理门户，其界面设计堪称用户可用性工程的杰作，通过垂直窗格（blades）式体验（如图 6-3 所示），不仅考虑了 Azure 不断增长的功能组合和复杂性，也照顾到了 Azure 上用户对配置、性能进行监控所需的各种琐碎内容部件。用户所有逐级深入的操作都会在当前窗格右侧展开新窗格，从而可以创造出丰富的功能组合，同时避免用户在复杂设置环境中出现混淆和遗忘。

图 6-3

Azure 门户网站界面

2014 年的 Azure 已羽翼渐丰，成长为了一个全面、强大的云计算平台，其上不仅提供了 IaaS 产品，还针对 Web、移动应用等场景推出了多种 PaaS 级服务，使技术人员无须设置和管理实际操作系统和网络服务，通过 PaaS 服务模型将 Web 服务器、数据库等架构进行抽象，以托管应用程序的方式

提供给用户，从而使新的应用程序可以在几秒内建立，并支持按需扩展，其计费也是以资源利用率而不是虚拟机的运行时间。

虽然在 Azure 推出的早期，许多分析师认为其无法与 AWS 形成竞争，用户对其评论也参差不齐。但是，随着时间的推移，当 Azure 支持越来越多的编程语言、应用框架和操作系统后，Azure 逐渐形成了强大生态，其云计算服务早已超出 Windows 产品线，更是大大超出了微软早期对其的定义，因此在 2014 年 4 月 Windows Azure 被重命名为 Microsoft Azure。现如今，Azure 已经成为世界顶级的云计算服务商之一。

截至 2020 年 7 月，Azure 已经提供了超过 600 项云端服务，它们被划分为 22 大类，表 6-2 列出了其服务分类。

表 6-2　Azure 服务分类

服务分类	说明
AI + 机器学习	使用人工智能功能为任何开发者和任何方案创建下一代应用程序
Azure Stack	混合云解决方案，将云计算的敏捷性和创新引入本地架构
DevOps	借助简单可靠的工具以更快的速度交付创新，实现持续交付
Windows 虚拟桌面	通过云计算交付的虚拟桌面体验
安全	保护企业免受混合云工作负载间的高级威胁
标识	管理用户身份和访问权限，以防止设备、数据、应用和基础结构间的高级威胁
存储	为数据、应用和工作负载获取高度可缩放的安全云存储
分析	收集、存储、处理、分析和可视化任何类型、容量或速度的数据
管理和监控	简化、自动化和优化云资源的管理和合规性
混合现实	将客观世界和数字世界融合起来，创造身临其境的合作体验
集成	跨企业无缝集成本地和基于云的应用程序、数据和进程
计算	使用云计算能力，并按需缩放，仅需为使用的资源付费
开发人员工具	使用任意平台或语言生成、管理和持续提供云应用程序
网络	连接云和本地基础结构和服务，为客户和用户提供最佳体验
媒体	随时随地在任何设备上提供高质量视频
迁移	利用指南、工具和资源简化并加速向云的迁移
区块链	使用集成工具套件构建和管理基于区块链的应用程序
容器	使用集成工具更快地部署和管理容器化应用程序
数据库	通过完全托管的企业级安全数据库服务，支持快速增长和更快创新
网站	快速高效地构建、部署和缩放功能强大的 Web 应用程序

（续）

服务分类	说明
物联网	在不改变基础结构的情况下，将 IoT 引入任何设备和平台
移动	为任何移动设备构建和部署跨平台的应用和本机应用

对于微软来说，2019 年 7 月 18 日无疑是一个重要时刻，在当日公布的 2018～2019 财年第四季度财报上，微软云服务所在的业务部门营收第一次超过了 Windows 部门，这对于整个世界的云计算产业发展来说也是一个重要的里程碑。

6.1.2 Azure 运行在 Windows 上吗？

最初，Azure 中主机的操作系统是 Windows 操作系统的一个分支，其代号为"Red Dog OS（红狗 OS）"。然而，对于世界各地的数据中心来说，保持 Azure 重要功能的稳定运行是至关重要的，但由于成本和复杂性等原因，在如此大规模的全球数据中心网络上运行一个变种的 Windows 操作系统并不理想，因此 Azure 团队与 Windows 团队进行了协作，使 Windows 最终可以满足世界级云计算数据中心的要求，所以 Azure 现在运行在 Windows 上。

Azure 的主机是基于操作系统映像（从 VHD 虚拟磁盘启动）的，因此主机的维护也更加容易，不仅可以对卷本身进行更换，也可以进行快速回滚。这些主机通常每隔 4～6 周进行一次更新，新的映像在更新前都会被充分测试。

因为 Azure 运行在 Windows 上，因此有人可能会问，是不是在 Azure 上只能使用微软的技术和服务？并非如此，虽然微软自家的产品和服务（如 SQL Server、BizTalk 和 IIS 等）具有最好的特性支持，但自从微软改变自身文化投身于技术开放后，各种非微软体系的产品也在 Azure 上得到了积极支持，如 Linux 虚拟机、Container 容器、Hadoop 大数据平台和各种开源数据库（如 MySQL、MariaDB、PostgreSQL）等。微软通过 Azure 同样为各个语言社区的开发人员创建了高度灵活的环境，除了.NET 平台，

其他流行编程语言（包括 Java、Node.js 等）、框架和服务也都获得了大力支持。

使用微软 Azure 的知名公司见表 6-3。

表 6-3　使用 Azure 的知名公司

公司 Logo	公司名称	简介
iCloud	Apple iCloud	苹果公司的 iCloud 是苹果设备上的云存储和云计算服务，用户可以使用 iCloud 将苹果设备上的文档、照片和音乐等数据存储在云端
verizon✓	Verizon	Verizon 通信公司（以下简称 Verizon）是美国知名的跨国通信公司，其服务网络遍布全球
ebay	eBay	eBay 是电子商务网站的鼻祖之一，也是美国最大的跨国电子商务网站之一，业务遍布全球
BOEING	波音（Boeing）	波音公司（以下简称波音）是世界领先的航空航天设计、制造、和销售公司
Baidu百度	百度（Baidu）	百度中国最大的互联网公司之一，专门从事互联网相关服务和产品
WIKIPEDIA The Free Encyclopedia	维基百科（Wikipedia）	维基百科是一个多语言的在线百科全书，它是互联网上最大且最受欢迎的网站之一
SAMSUNG	三星（Samsung）	三星集团（以下简称三星）是韩国跨国集团公司，旗下业务包括电子、金融、建筑、媒体等多个方面
Adobe®	Adobe	Adobe 系统公司（以下简称 Adobe）是美国跨国计算机软件公司，世界知名软件公司之一，主要产品包括 Photoshop、Acrobat 等
twitter	推特（Twitter）	推特美国的线上微博和社交网络服务商，截至 2020 年 2 月拥有 3.3 亿活跃用户
tsmc	台积电（TSMC）	台湾积体电路制造有限公司，简称台积电，是世界上最大的专用独立半导体代工厂

其他一些知名客户还有宝马汽车公司、马自达汽车公司、通用集团的

健康医疗部门、富士通株式会社、施乐公司、EMC 公司、LG 集团、赛门铁克公司和戴尔股份有限公司等。

6.1.3 Azure 的区域

在微软的 Azure 云计算平台上，数据中心按照区域（Regions）进行划分。区域是一组数据中心的集合，该集合的边界根据延迟而定义，集合内的数据中心通过本地低延迟网络连接。

1．区域

到 2020 年 2 月，Azure 已经在全球建立了 60 多个数据中心区域，比 AWS 和 GCP 的数据中心加起来还要多，同时 Azure 也是最早进入中东和非洲的云服务商。

2．配对区域

微软还对各区域进行了配对，使距离较近的区域组成两两一对的组合，成为"配对区域"，如图 6-4 所示。当微软对区域进行 Azure 计划维护和更新时，一次只会更新配对区域中的一部分，而不会同时更新全部，因此如果用户按照配对区域配置高可用功能时，就可以获得更好的业务连续性和灾难恢复保证。

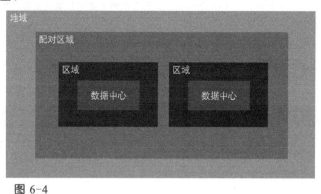

图 6-4

Azure 的配对区域

例如，在表 6-4 中列举了一些配对区域。注意，其中的一个特例是南美地区，因为微软在南美洲只有"巴西南部"一个区域，没有可以配对的

大话云计算
从云起源到智能云未来

邻近区域，因此它与"美国中南部"成了配对区域。

表 6-4　Azure 的配对区域（部分）

地理	配对区域	
亚洲	东亚	东南亚
澳大利亚	澳大利亚东部	澳洲东南部
澳大利亚	澳大利亚中部	澳大利亚中部 2
巴西	巴西南部	美国中南部
加拿大	加拿大中部	加拿大东部
中国	中国北方	中国东方
中国	中国北方 2	中国东方 2
……（略）	……	……

3．可用性区域

Azure 上另一个有关地理分布的概念叫作可用性区域（Availability Zones），用于保护数据中心中的应用程序和数据，可用性区域架构如图 6-5 所示。一个可用性区域会包含至少三个单独的区域，每个区域配备了独立的电源、冷却设备和网络设备等，通过物理分离避免客户受数据中心故障的影响。可用性区域提供了区域冗余服务，可以在区域之间复制应用程序和数据，防止单点故障。当然，在可用性区域上，虚拟机、IP 地址等依然可以固定在特定区域上部署，

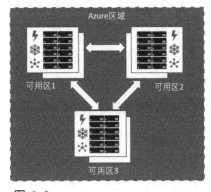

图 6-5
Azure 的可用性区域架构

但对于冗余存储和 SQL 数据库等，可以获得云平台级的跨区域自动复制能力。

需要注意的是，目前在 Azure 上并不是所有区域都支持可用性区域，也不是所有服务都支持可用性区域。在亚洲地区，目前只有位于新加坡的东南亚区域和日本东部支持可用性区域。

4．可用性集

在实现可用性方面，Azure 从逻辑层面还设计了"可用性集"，用于将

虚拟机在多个故障域中进行隔离。这种设计主要针对的是计划外硬件维护、意外停机和计划内维护等场景下的可用性需求。当有虚拟机出现故障时，因为可用性集中的其他虚拟机运行在不同硬件上，因此这些虚拟机可以免受影响。

故障域是 Azure 中的另一个概念，用于描述物理服务器、计算机架、存储单元和网络交换机的界限。可用性集利用跨故障域的分布式部署对于构建可靠的云解决方案至关重要。

6.1.4　Azure 在中国

真正的云计算需要形成全球化数据中心网络才可以实现数据、服务和应用的全球部署和交付。中国的市场规模不容忽视，是世界上竞争最激烈的市场之一，因此受到各大跨国企业的高度重视。

由于中国对信息安全的保护，以及对国家互联网基础设施安全的考虑，云计算服务所依赖的数据中心并未完全对外资开放。根据国内政策限制，所有在华提供公有云服务的企业都需要满足两个必要条件：一是采用中国提供的技术服务；二是确保所有数据都存放在中国境内。因此，无论是微软、亚马逊，还是 IBM、甲骨文等企业，在其云计算服务入华落地时都选择了合资或合作的方式。

Azure 在中国是一个独立于全球 Azure 的公有云平台，项目代号为"Mooncake"，即"月饼"，由国内领先的数据中心和基础设施服务商世纪互联负责运营。虽然中国区的 Azure 在物理层和逻辑层与全球其他地区相隔离，但采用了与全球 Azure 相同的技术，因此在中国境内提供了一致的服务质量保障。

为了满足中国对信息安全的要求，中国区 Azure 上的所有数据、处理数据的程序，以及所使用的数据中心全部位于中国境内。目前，Azure 在中国主要由中国东部（上海）和中国北部（北京）两个数据中心提供服务，由于其地理间距较远，因此也提供了异地复制和灾难恢复功能。

在基础设施方面，中国区 Azure 选取国内顶级的数据中心，具备 N+1

或 2N 路不间断电源保护，使用大功率柴油发电机作为后备电力，配有柴油储备，并且与附近加油站签署供油协议作为保障。制冷方面采用架空地板、冷通道封闭、冷却塔和冰池等多项措施，结合新风系统最大限度地提升数据中心能源利用率。网络接入方面，中国区 Azure 采用 BGP 链路与中国电信、中国联通和中国移动的省级核心网络节点相连，其路由策略经过专门优化，使用户可以访问就近的数据中心。

6.1.5 新手上路：注册 Azure 账号

在上文提到 Azure 分为国际版和中国版，国际版由微软运营，中国版由世纪互联负责运营，其服务项目、价格标准和注册流程都或多或少有所差别。本节将分别针对国际版和中国版简要介绍 Azure 账号注册流程。

无论是国际版还是中国版，Azure 都针对新用户提供了免费或优惠，截至 2020 年 7 月，Azure 为新用户提供的优惠，见表 6-5。

表 6-5　Azure 提供的新用户优惠

国际版 Azure	中国区 Azure
热门服务提供部分产品 12 个月免费	首次试用的用户支付 1 元即可获得有效期 1 个月的 ¥1500 元 Azure 使用额度
有效期 30 天的$200 美元使用额度	
超过 25 项服务永久免费	
12 项 AI（人工智能）服务免费使用 12 个月	

注意，本节内容仅供参考，具体费用和操作流程请以微软官方网站为准。

1. 国际版 Azure 注册方法

1）访问 Microsoft Azure 免费注册页面 https://azure.microsoft.com/zh-cn/free/，如图 6-6 所示。

2）单击页面中间的"免费开始"按钮开始注册。

3）在登录页面使用 Microsoft Account（微软账户）登录。常见的微软账户包括@hotmail.com、@outlook.com、@live.com 等，也可以是其他邮箱。如果用户还没有微软账户，可以在 https://account.microsoft.com 中申请。

图 6-6

Azure 官方网站的首页

4）登录成功后，在图 6-7 所示的 Azure 免费账户注册页面填写信息，包括：个人联系方式、用于验证身份的银行卡信息和服务协议。

图 6-7

Azure 的免费账户注册页面

5）所有信息填写完毕后，单击最后一步的"注册"按钮即可。

6）访问 https://portal.azure.com 即可登录自己的 Azure 账户。

2. 中国区 Azure 注册方法

1）访问中国区 Azure 试用申请页面 https://www.azure.cn/pricing/1rmb-

trial/，如图 6-8 所示。

图 6-8

Azure 的试用申请页面

2）填写手机号码接收验证码。验证通过后，按要求填写个人资料，并上传身份证正反面照片。

3）通过实名验证后，页面将跳转至 Azure 注册页面，填写个人联系方式、登录信息，并创建自定义域名。此时需要再次填写手机号码进行验证。

4）在登录页面输入上一步设定的用户名和密码，登录后会要求付款。

5）进入付款页面后，选择付款方式并支付 1 元人民币。

6）付款成功后会提示"1 元人民币的试用订阅"注册成功。

7）访问 https://portal.azure.cn/即可登录自己的 Azure 账户。

6.1.6 牛刀小试：在 Azure 上创建一台虚拟机

Azure 虚拟机可以运行 Windows、Linux 等不同操作系统，为用户提供了按需配置和可伸缩的计算资源。在使用上它与普通计算机几乎无异，为用户提供与主机操作系统相同的体验。为了确保数据安全，Azure 虚拟机都部署在沙盒中，是一个完全独立的环境，因此虚拟机内部的软件无法逃脱或篡改其基础服务器本身。

在本节动手实验中，用户将了解以下内容。

● 熟悉 Azure 虚拟机建立过程。

● 了解 Azure 区域概念。

● 为 Azure 虚拟机配置域名访问。

● 熟悉虚拟机的远程连接与操作。

先决条件包括以下两个。

● 一个有效的国际版 Azure 订阅。

● SSH 工具，如 Putty。

创建虚拟机的步骤如下。

1．创建虚拟机

1）访问 https://portal.azure.com，使用有效的用户凭据登录，如图 6-9
所示。

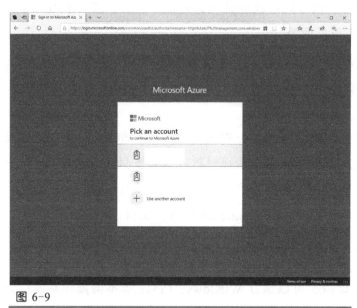

图 6-9

Azure 的用户登录页面

2）在 Azure 管理门户中的左侧导航栏上部，单击"+创建资源"按钮
开始创建资源，如图 6-10 所示。

图 6-10

Azure 的主界面

3）在新建资源页面，向搜索市场文本框中输入 centos，并按〈Enter〉键，选择搜索出的 CentOS-based 7.5，如图 6-11 所示。

图 6-11

Azure 的资源市场

4）单击"创建"按钮，如图 6-12 所示。

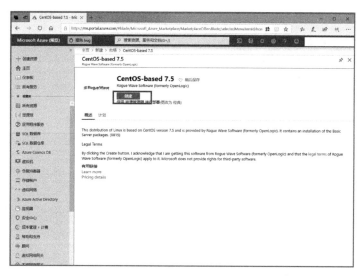

图 6-12

在 Azure 的市场中选择并创建 CentOS 实例

5）在创建虚拟机页面，为该虚拟机新创建一个资源组，设置虚拟机名
称，并且选择使用密码作为身份验证，设置一个用户名，和一个满足复杂
性要求的密码，如图 6-13 所示。

图 6-13

Azure 的虚拟机创建页面

6）打开区域下拉列表，了解 Azure 虚拟机区域的概念。可以选择一个邻近国家/地区作为虚拟机区域。然后单击"下一步"按钮进行磁盘配置，如图 6-14 所示。

图 6-14

选择创建资源的数据中心位置

7）在磁盘配置页面中，选择"标准 HDD"，并单击"下一步"按钮，如图 6-15 所示。

图 6-15

选择虚拟机的磁盘类型

8）在网络配置页面中，"公共入站端口"项选择"允许选定的端口"单选按钮，"选择入站端口"项选择"SSH（22）"端口，其他保持默认配

置。然后单击"查看+创建"按钮，如图 6-16 所示。

图 6-16

设置虚拟网络的端口

9）在查看+创建页面，观察配置参数，并单击"创建"按钮（如图 6-17 所示）。

图 6-17

确认虚拟机创建详情

10）等待虚拟机部署完成，如图 6-18 所示。

图 6-18

等待虚拟机创建完成

2．配置虚拟机域名并进行远程连接访问

1）待虚拟机部署完成后，单击"转到资源"按钮，如图 6-19 所示。

图 6-19

虚拟机创建成功

2）查看虚拟机的运行状态，单击"DNS 名称"后的"配置"按钮，如图 6-20 所示。

图 6-20

在 Azure 上查看新创建的虚拟机的运行状态

3）为该台虚拟机指定一个 DNS 名，后缀为 Azure 自带域名。这里使用的是 learningweekdemo，完整 DNS 名为 learningweekdemo.southeastasia.cloudapp.azure.com（请注意 DNS 名不可重复）。然后单击"保存"按钮，如图 6-21 所示。

图 6-21

配置虚拟机的域名

4）回到虚拟机概述页面，可以看到 DNS 名已经生效。配置 DNS 名后，可以使用域名访问该虚拟机，而无须使用 IP 地址，如图 6-22 所示。

图 6-22

查看 DNS 名称

5）在本地计算机上运行已安装的 PuTTY，可以单击任务栏上开始按钮旁的"搜索"按钮，输入 putty，搜索到后运行 PuTTY 如图 6-23 所示。

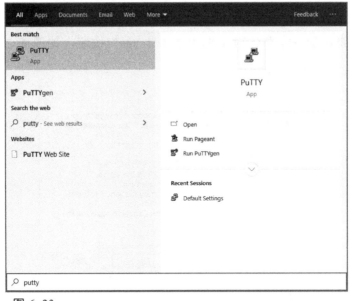

图 6-23

在 Windows 上使用 PuTTY 客户端

6）在 PuTTY 的 Host Name 框中输入虚拟机的 DNS 名称，然后单击"Open"按钮，如图 6-24 所示。

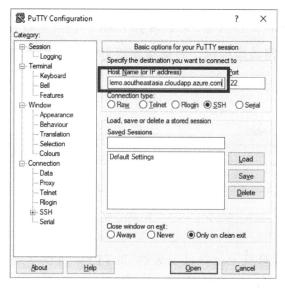

图 6-24

在 Putty 中填入连接信息

7）在弹出的安全警告对话框中单击"Yes"按钮，如图 6-25 所示。

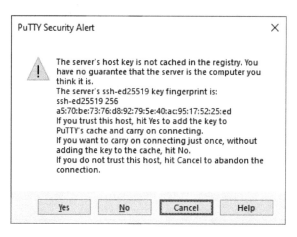

图 6-25

PuTTY 的连接安全警告

8）在 Login as 窗口，输入 Azure 虚拟机的用户名，按〈Enter〉键，如图 6-26 所示。

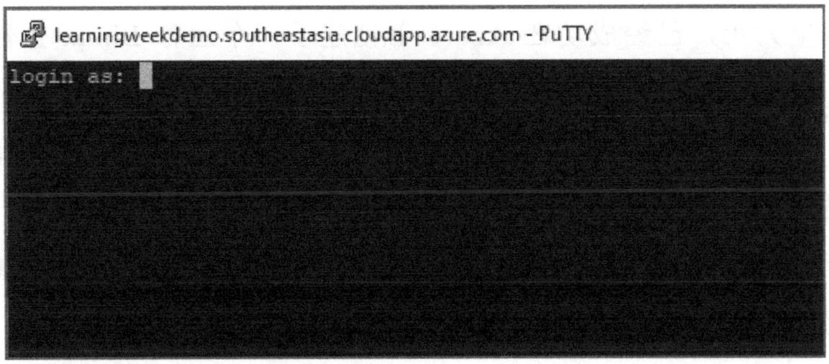

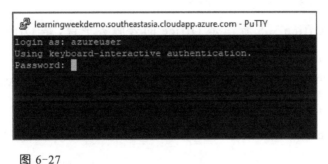

图 6-26

使用命令行登录——输入用户名

9）输入 Azure 虚拟机用户名对应的密码，按〈Enter〉键，如图 6-27
所示。

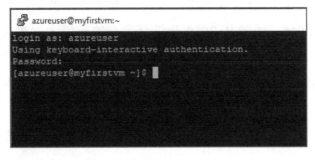

图 6-27

使用命令行登录——输入用户密码

10）该 Linux 虚拟机远程登录完成，可以远程执行命令，如图 6-28
所示。

图 6-28

使用命令行成功登录虚拟机

到这里为止，已经成功在 Azure 上创建了一个运行 Linux 操作系统的虚拟机，并且成功使用 PuTTY 通过命令行进行了连接。相比 Windows 操作系统，大部分 Linux 在使用时都没有图形界面，所以对于没有命令行使用经验的读者来说可能感到陌生。但读者不妨参考以上整个过程，尝试创建一个运行 Windows 10 的虚拟机，并试着使用远程桌面进行连接，这样就可以拥有图形化操作界面了。

6.1.7　微软的 Office 365 和 Dynamics 365 云服务

在前面的章节中提到微软"三朵云"的战略组合，其云计算服务不仅包括以 Azure 为核心的 IaaS + PaaS 服务，还有面向企业生产力的 Office 365 和 Dynamics 365 这两大 SaaS 服务。

可以把 Office 365 看作是 Office 的云服务平台，是 Office 办公套件的云端集合，专门用于办公、协作、沟通、分享和存储。对于企业客户来说，Office 365 不仅提供了可以时刻保持最新版本的 Word、Excel 和 PowerPoint 等软件，还包含邮件服务 Exchange Online，企业分享和协作平台 SharePoint Online，用于沟通协同的 Skype for Business 和 Teams 等。

与传统零售版 Office 相比，Office 365 对移动办公提供了良好的支持，微软为苹果 iOS 和安卓平台都提供了 Office 的移动应用，文档和数据都保存在云端，因此可以随时随地办公。

订阅形式提供的最新版本指的是跨版本更新，例如，可以从 Office 2016 升级至 2019，或者从 2019 升级至未来的新版本。在经典销售模式中，如果用户购买的是 Office 2016，则只能获得当前版本的补丁和更新，当 Office 2019 推出时，是无法免费升级的，而是需要重新购买新版本的序列号。

此处以 Office 365 家庭版与 Office 2019 经典版为例进行对比，见表 6-6。

表 6-6　Office 365 的服务定价

	Office 365 家庭版	Office 2019 经典版
价格	￥498/年	￥5298 一次性购买
使用人数	6 人	1 人
安装设备	可以在多台 Windows 计算机、Mac 计算机、平板计算机或手机设备上安装	1 台 PC
授权期限	12 个月	永久
包含产品	Word、Excel、PowerPoint、Outlook、Publisher、Access 和 OneNote	Word、Excel、PowerPoint、Outlook、Publisher 和 Access
云端存储	每用户 1TB OneDrive 云存储	无
版本更新	订阅期内永久免费更新至最新版本	仅提供当前版本产品更新
移动和 Web 支持	支持 iOS、Android 和 Web 版	无

微软的 Dynamics 365 是传统 Dynamics 软件的 SaaS 云端版本。与 Office 365 类似，Dynamics 中的 CRM 和 ERP 功能都可以通过浏览器、移动应用等终端使用。

无论是企业还是个人，Office 365 和 Dynamics 365 所采用的云计算模式都有很多好处。具体来说包括以下几点

1．最新的功能

基于订阅的业务模式提供了永久的升级能力，用户无须担心版本过时，随时都可升级为最新版本。

2．快速且灵活的部署

云端基于订阅的 SaaS 模型不需要用户进行任何基础架构部署，只需要开通账号即可使用，真正做到开箱即用。云端架构支持移动办公，用户随时随地都能访问。

3．安全可靠

基础架构、网络和数据安全由微软负责维护，微软提供具有财务保证的服务级别协议（SLA），用户无须担心安全性。

4．成本可控

针对用户规模可以随时增减账号，可以按需调整订阅级别，费用灵活可控，降低了总体硬件和软件成本。

6.2　亚马逊的 AWS

亚马逊的 AWS 英文全称是"Amazon Web Services"，直译为"亚马逊网络服务"，其品牌标识如图 6-29 所示。AWS 是亚马逊的子公司，与亚马逊电商网站 Amazon.com 不同，AWS 只负责经营亚马逊的云计算平台和相关服务。

图 6-29

AWS 的品牌标识

如果只看 IaaS 和 PaaS 云服务，亚马逊处于全球领先地位，在 2019 年 Synergy 发布的云计算市场份额调研报告中，最受欢迎的云服务商是 AWS 其次是 Azure 两者所占的市场份额都远超过市场上其他竞争对手。而在国际数据公司（IDC）于 2019 年 7 月 17 日发布的最新《全球公有云服务市场（2018 下半年）跟踪》报告中（如图 6-30 所示），在全球 IaaS 服务商市场份额上，AWS 也是位列第一，占有近半的市场规模。

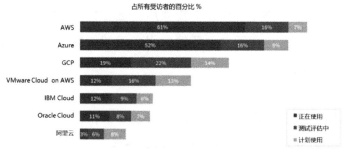

图 6-30

Flexera RightScale《2019 年云计算现状》报告中有关公有云的各厂商市场份额

目前，AWS 提供了超过 100 项服务，涉及范围包括计算、存储、网络、数据库、分析、应用程序服务、部署、管理、移动、开发人员工具和物联网等。其中最受欢迎的服务是虚拟机服务 Amazon 弹性计算 EC2 和存储服务 Amazon 简单存储 S3。AWS 在全球 IaaS 市场的坚实地位也是由这两大服务所支撑的。

使用 AWS 的知名公司见表 6-7。

表 6-7　使用 AWS 的知名公司

公司 logo	公司名称	简　介
NETFLIX	Netflix	美国媒体服务提供商和内容创作商，截至 2020 年 4 月，Netflix 在全球拥有超过 1.82 亿付费订阅
facebook	Facebook	世界知名线上社交媒体和社交网络服务公司，截至 2019 年 12 月，每月活跃用户超过 25 亿
BBC	BBC	英国广播公司（BBC），总部位于伦敦的威斯敏斯特，它是世界上历史最悠久的国家广播机构和最大的广播公司
Baidu百度	百度（Baidu）	中国最大的互联网公司之一，专门从事互联网相关服务和产品
ESPN	ESPN	娱乐与体育节目电视网（ESPN），美国付费体育频道，由华特迪士尼公司和赫斯特通信公司共同拥有
Adobe	Adobe	美国跨国公司的计算机软件公司，世界知名软件公司之一，主要产品包括 Photoshop、Acrobat 等
twitter	推特（Twitter）	美国的线上微博和社交网络服务商，截至 2020 年 2 月拥有 3.3 亿活跃用户

6.2.1　AWS 的区域

AWS 在全球范围建立了多个区域，每个区域都具有多个可用区其规模也在不断扩增。截至 2020 年 7 月，AWS 在全球建立了 24 个可用性区域，如图 6-31 所示，其中 8 个位于亚太地区，7 个在北美，1 个在南美，其余分布在中东、欧洲和非洲。

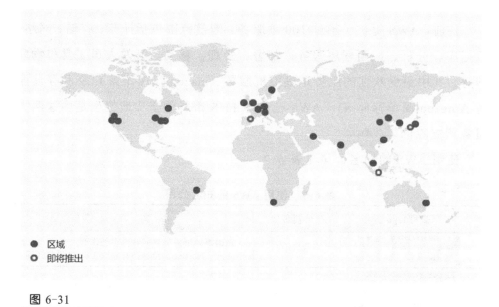

● 区域
◎ 即将推出

图 6-31

AWS 可用性区域的全球分布

每个 AWS 区域都有专属于自己的资源，这些资源无法跨区域共享，例如，不能使用在"美国东部"创建的安全组在"美国中部"启动新的实例。

但是，有些 AWS 资源和服务并不属于特定区域，这些服务可以在全局作用并且在任何区域中使用，例如，AWS 的内容交付网络（CDN）就是一种全局资源，在创建时并不需要指定特定区域。另一个例子是 AWS 的存储服务 S3，该服务本身是全局性的，但是在其中创建的存储桶（S3 bucket）是特定于指定区域的。

与 Azure 一样，对于相同的服务，在 AWS 不同区域上的价格也是不同的，在 AWS 不同区域的服务间进行数据传输也可能会产生费用。

6.2.2　AWS 的发展历程

前面的章节中，在介绍云计算的历史时已经介绍过 AWS 的成立背景，本节不再赘述。

从产品形成过程来看，AWS 于 2002 年 7 月启动，当时只是一系列内部工具和服务供亚马逊内部使用。在 2003 年末，亚马逊内部开始探讨如何

建立完全标准化、自动化并广泛依赖 Web 进行交付的存储等服务，并且在已有框架基础上建立新的商业模型。

2004 年 11 月，AWS 对外推出了第一项服务，与很多人的认知不同，AWS 的第一个服务并不是其最著名的 EC2 或 S3，而是简单队列服务 SQS。此后，AWS 才开始建立 EC2 虚拟机服务，这一产品最早在南非开普敦诞生。

AWS 正式对外宣布是 2006 年，开始以 Web 服务的形式向企业提供 IT 基础架构服务，也就是现在的"云计算"业务，2006 年也是其官网所介绍的成立时间。当时，AWS 只提供了三项服务：简单队列服务、弹性计算虚拟机和简单存储服务。整个 AWS 帝国也就是以这三样服务为基础不断添砖加瓦，围绕开发人员、应用程序、网站等多个领域推出各种服务，从而形成如今的庞大服务体系。如今，亚马逊网络服务在云中提供了一个高度可靠、可扩展和低成本的基础架构平台，为全球 190 个国家/地区的数十万家企业提供支持。

AWS 曾一度被认为是亚马逊电商 Amazon.com 的一部分，一方面原因是亚马逊电商网站 Amazon.com 在 2010 年 11 月就已经全部迁移到 AWS 上；另一方面其业务在财报上也没有被独立展现。直到 2012 年，AWS 业务才从财务报表中被划分出来，当年的营收超过了 15 亿美元。

亚马逊创始人杰夫·贝佐斯认为云计算是极具潜力的业务，从后来的发展来看的确如此，AWS 的营收屡创新高，其 2015 年第一季度的收入为 15.7 亿美元，到了 2016 年第一季度，销售收入就达到了 25.7 亿美元。在 2017 年底，AWS 的年收入为 174.6 亿美元，到了 2019 年底，这一数字快速增长到了 350.26 亿美元。这样强劲的业务增长速度，也不断推高着亚马逊股价，使亚马逊在 2019 年 1 月成为全球市值最高的公司，总市值达到 7900 亿美元。2020 年 1 月 31 日，亚马逊总市值首次突破 1 万亿美元，但在 2020 年 3 月回落至 9700 亿美元，在全球市值排行榜列第 3 位（前两名分别是微软 1.2 万亿美元和苹果 1.13 万亿美元）。

6.2.3   AWS 在中国

2013 年，AWS 在北京召开发布会正式宣布入华，从 2014 年开始进行服务预览。与之前介绍的 Azure 的入华方式类似，为了满足中国相关法律和监管要求，AWS 同样与本地科技公司合作，实现 AWS 服务在华落地。

目前 AWS 在中国在北京和宁夏建立了两个区域，北京光环新网科技股份有限公司（以下简称光环新网）是 AWS 北京区域云服务运营方和提供方，宁夏西云数据科技有限公司（以下简称宁夏西云）是 AWS 宁夏区域云服务运营方和提供方。

由光环新网运营的 AWS 北京区域和西云数据运营的宁夏区域提供与全球各地其他 AWS 区域相似的技术服务平台。开发人员可以在中国境内轻松、高效地部署基于云的应用程序，使用相同的 API、协议和与 AWS 全球客户无差别的操作标准。

与其他 AWS 区域一样，保存在 AWS 北京区域和 AWS 宁夏区域的数据或信息只会保留在各自的区域，除非是客户将其转移到其他位置。

6.3   谷歌云服务平台

在 AWS 正式对外宣布的两年后，也就是 2008 年，谷歌作为世界上最重要的互联网企业之一，也凭借自身庞大的技术架构设施和研发能力推出了其云计算服务平台——Google Cloud Platform，缩写是 GCP。

与 AWS 所擅长的 IaaS 服务（如虚拟机 EC2）不同，谷歌云平台上的第一款服务是针对应用程序托管的 PaaS 服务 App Engine，使用该服务，开发人员可以在谷歌的云端基础架构上运行自己的 Web 应用程序。2008 年 4 月，在谷歌对外宣布 App Engine 服务预览时强调其目的是为了让新的 Web 应用程序可以变得更简单，当开发者面对数百万并发流量时，也可以轻松扩展加以应对。

GCP 的 App Engine 从 2008 年 4 月开始预览，吸引了 2 万名开发人员在上面开发应用程序，但起初只支持 Python 语言，并且对存储空间、CPU 性能和带宽有严格的限制，很多功能都很受限。App Engine 直到 2009 年 4 月才宣布支持 Java 语言。

从 2010 年开始，GCP 平台上的新功能开始以较稳定的速度持续发布，包括针对企业客户的管理功能、基于云的关系型数据库服务、新的 Prediction API 等。当谷歌发布其全新编程语言 Go 不久，2012 年 GCP 也增加了对 Go 语言的支持。

在 IaaS 层面，GCP 的虚拟机服务 Compute Engine 在 2012 年 6 月才推出预览。2013 年 GCP 为云存储服务增加自动加密功能，App Engine 增加对 PHP 语言的支持，同年推出 Cloud Endpoints 等服务。

截至 2020 年 7 月，GCP 上提供了超过 180 种服务，包括基础架构即服务（IaaS）、平台即服务（PaaS）和软件即服务（SaaS），按照类别被分为计算、存储和数据库、网络、大数据、机器学习、身份与安全、管理和开发人员工具等类别。

与其他云服务商的产品组合类似，GCP 上的服务既可以单独使用，也可以彼此组合。开发人员和 IT 专业人员可以根据需求在云端灵活构建自己的程序或 IT 基础架构。根据谷歌发布的信息，在 GCP 上最受欢迎的服务有以下几种（排名不分先后）。

- Compute Engine：虚拟机服务，提供了多种计算和托管方案，包括虚拟机、无服务器和容器等环境。
- Cloud Storage：云存储，提供一致、可扩缩和大容量数据存储服务。
- Cloud Run：针对容器化应用提供的无服务器架构。
- Anthos：用于构建和管理现代化跨环境的混合应用程序。
- Vision AI：视觉 AI 分析，可以使用预先训练好的视觉处理 API 对情感、文字等进行分析。
- Cloud SQL：云端 SQL 数据库，支持 MySQL、PostgrSQL 和 SQL Server。

● BigQuery：完全托管的高弹性数据仓库，内置了机器学习功能。

使用 GCP 的知名公司包括：Snapchat、Airbnb、Zillow、Bloomberg 和 PayPal 等。

6.3.1　GCP 的区域服务架构

谷歌也根据数据中心的地理分布对各项资源和服务进行了区域划分，通过将资源部署在不同区域，并且对区域之间进行隔离，防止出现单点故障或者故障的大规模传播，因此每个区域也被称为"单一故障域"。

服务和资源部署在区域级别上，也运行在区域内，如果某一区域出现故障，在故障恢复前该区域上的所有资源都会受到影响。和 AWS 的全局服务类似，GCP 上也有一些服务是多区域的，如 Google App Engine、Google 云端存储和 Google BigQuery 等，这些服务由谷歌管理，从而可以为客户提供默认的区域内和跨区域冗余。

截至 2020 年 7 月，GCP 的基础架构已经在全球覆盖了 200 多个国家/地区，建立了 24 个云区域和 70 个网络地区如图 6-32 所示。

图 6-32

遍布全球的 GCP 云区域和网络地区

6.3.2　GCP 的优势

谷歌作为全世界最大的互联网搜索引擎，能够在几毫秒内返回数十亿条搜索结果，其庞大的全球网络架构每月传输高达 60 亿 h 的 YouTube 视频，并为 10 亿 Gmail 用户提供存储空间。GCP 最大、最显著的优势莫过于谷歌的全球网络基础架构，当应用程序运行在 GCP 上，同样可以利用谷歌的全球基础架构，并且享受由信息、应用和网络安全领域的 700 多位专家提供的保护。

1．高速的内部网络

许多人青睐谷歌云计算平台的原因之一是它的高速网络连接性能，谷歌云计算平台拥有全球部署的私有光纤+分层网络，在全球所有数据中心之间形成了一个私有的分布式骨干网。这一点对于数据分析和处理应用来说尤其重要，由于高速网络的存在，使用者无须来回迁移大量数据，从而可以跨服务、跨地点实现高速数据处理。谷歌 GCP 的全球网络结构如图 6-33 所示。

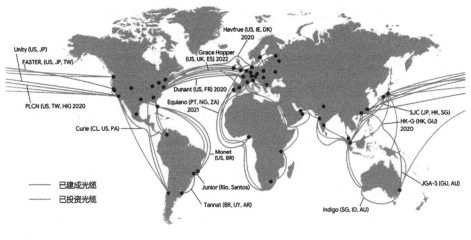

图 6-33

GCP 的全球网络结构

GCP 之所以在网络上进行特别加强，也是由谷歌大部分业务的特点所决定的。以网络搜索为例，当用户在谷歌的网页上发起一个搜索查询

时，负责响应的服务器可能会向后台的微服务（Microservice）发出数百个数据查询请求，而负责响应的微服务可能分布在世界任何地方。因此，业务逻辑必须避免过早决定数据和所需服务的具体位置，从而实现大规模高速计算。同时，在数据中心中，某些部分可能存在剩余的 CPU 资源，而同时可能还有一些地方存在剩余的存储空间，要最大限度实现资源利用，就必须具有动态资源分配的能力，而高速的网络连接就可以很好地解决这些问题。

谷歌云计算平台数据中心内的网络单向带宽为 1 Pbit/s，因此可以持续、高速地读取云端存储中的数据，在每个区域内，95%的数据通信都具有 5ms 以下的往返网络延迟。可以想象，当网络传输数据的速度比从本地读取更快时，数据存放在哪里就变得不再重要。因此，如果是数据密集型任务，使用谷歌云计算平台可以让用户从群集管理中获得极大解放。

详细来看，谷歌云计算平台使用了自定义的 Jupiter 网络结构和 Andromeda 虚拟网络堆栈。Jupiter 可以提供超过 1 Pbit/s 的总分割带宽。在该网络中，即使是普通的虚拟机配置，也可以获得 32 Gbit/s 的最大网络出口数据速率，对于部分高端配置的虚拟机，其最大带宽可达到 100 Gbit/s。Jupiter 网络足以支撑 10 万台服务器全部以 10 Gbit/s 的速率交换数据，或者在 0.1 s 内传输整个美国国会图书馆的扫描内容。

同时，由于谷歌的新一代 Colossus 文件系统运行在集群级别，因此，如果将谷歌的存储服务 Cloud Storage 与虚拟机部署在一起，得益于高速的网络和存储结构，成千上万的服务器可以获得很大的带宽，从而使各个应用程序可以轻松扩展到数以万计的计算实例上。如果将整个数据中心视为一台计算机，则可以在数据中心内自由实现高速计算和数据资源交换，而无须对数据进行预处理、分片、下载或迁移。利用这样的网络能力，用户还可以构建可协同的联合服务，当有故障出现时，数据中心中任何计算实例都可以参与解决，因此实现更好的故障恢复能力。

2．谷歌文件系统

前文提到的 Colossus 文件系统是针对实时数据更新而设计，谷歌文件系统（Google File System，GFS）是基于 Hadoop 分布式文件系统 HDFS，为批量数据处理而构建。Colossus 也是谷歌搜索引擎背后所使用的文件系统，可以实时获得所需数据。

谷歌在文件系统方面引入了许多创新，例如，将数据访问请求进行分割从而可以减少队列的头部阻塞；在每台机器上创建数百个分区从而可以将分区移动到其他地方；为频繁使用的数据块创建副本等多种策略。

对于大规模文件系统来说，要在数据中心的任意计算实例间实现高吞吐量连接，就必须尽可能减少数据中心内部的网络跳数。在谷歌云计算平台中，通过对软件定义网络的高度优化，使同一个区域内的任意两台计算机的网络连接只有 1 跳。而谷歌在基础设施方面的创新还不止于此，工程师们还在着手实现更高性能的网络连接和大规模集群化数据存储服务，从而解决日益复杂的业务需求。

6.4　阿里云

对于 Azure、AWS 和 GCP 来说，无论哪一家，在提到其竞争对手时，很难有人想到中国本土的云计算公司。然而，除了国际厂商在云端不断投入，国内厂商也在不断加强云端布局，读者可能已经注意到图 6-30 中出现的阿里云，作为阿里巴巴旗下的云计算服务，阿里云正不断努力，积极完善自身的功能，而且已经在国际市场上初露锋芒。

在前文介绍 AWS 时我们提到了发布的最新《全球公有云服务市场（2018 下半年）跟踪》报告，该报告指出，中国自 2016 年以来已经成为全球第二大公有云 IaaS 市场。中国公有云 IaaS 在 2019 年实现了同比 72.2% 的增长率，这样的增长速度远高于全球其他地区。中国公有云 IaaS 市场规模在 2019 年已达到 54.2 亿美元，比 2014 年的两倍还要多。

2020 年 3 月，阿里巴巴发布的 2020 财年第三季度财报显示，其云计算服务"阿里云"的营收为 1614 亿元，同比增长 38%。2020 年初阿里云在亚太地区的市占率排名第一（28%），全球排名第三（9.1%）。虽然全球市场的份额不大，但阿里云正计划在全球范围与其它国际厂商展开竞争，也与 AWS 和 Azure 一同形成了"3A"格局。2016 年阿里巴巴在悉尼召开了新闻发布会，宣布其位于欧洲、中东、日本和澳大利亚的数据中心会相继开服。从 2016 年底开始阿里云就不断在澳大利亚各主要城市招兵买马，同时吸引了大量 IT 工程师考取阿里云认证，许多小型和初创公司，尤其是针对中国开展业务的公司，也越来越多地将服务部署在阿里云上。

6.4.1　阿里云的区域分布

与其他云计算服务类似，阿里云也有区域和区的概念，如图 6-34 所示，每个区域保持完全独立运作，区部署在区域中，一个区域中的各个区通过低延迟网络链路相连。

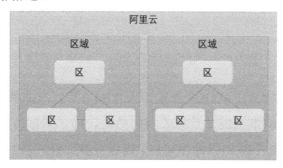

图 6-34

阿里云的区域和区

截至 2019 年 7 月，阿里云在中国大陆具有 9 个区域；在全球范围建立了 12 个区域，分布的地点包括新加坡、悉尼、东京、美国硅谷地区、伦敦和迪拜等。同时，阿里云还在全球建立了超过 2800 个内容分发网络（Content Delivery Network，CDN）节点，优化了数据中心未覆盖区域的访问体验。阿里云数据中心的全球分布情况如图 6-35 所示。

图 6-35

阿里云数据中心的全球分布情况（图片来自 alibabacloud.com）

6.4.2　阿里云的主要服务

1．计算

与 AWS 的虚拟机服务名称 EC2 类似，阿里云上的标准计算服务名为弹性计算服务（Elastic Compute Service，ECS）。ECS 提供了数十种 VM 实例类型，支持虚拟和裸机服务器，兼容 Windows 和 Linux 操作系统，也支持创建自定义映像。与 AWS 的 EC2 相比，阿里云提供了更多的 VM 实例系列供用户选择，而 AWS 则具有更多的数据中心区域。

2．存储

阿里云提供了和其他云服务商一样的 Blob、对象和文件存储服务。这些服务包括对象存储服务（Object Storage Service，OSS），弹性块存储（Elastic Block Store，EBS）和网络附加存储（Network Attached Storage，NAS）。对应在 AWS 上，则分别是 S3 对象存储、弹性块存储和弹性文件系统。对于不同的数据应用场景，阿里云提供了标准、不常访问和存档三种存储级别。

3．API 服务

对于开发人员来说，阿里云针对应用程序提供了专门的 API 服务，使应用程序能够与云端资源进行交互。阿里云的 API 与其他云服务商在功能上类似，但具体语法各有不同。

4．无服务器服务

针对近年流行的无服务器计算，虽然阿里云成立较晚，但也在快速跟进，相较于 Azure Functions 和 AWS Lambda，阿里云推出了功能计算（Function Computing）。阿里云上也有自己的 Container 容器服务。阿里云的目标是建立一套全面的云服务。

6.5　腾讯云

腾讯云是腾讯于 2010 年开始推出的云服务业务，先后推出 CDN、云服务器、云监控、云数据库、NoSQL 和 Web 弹性引擎等多种服务。

腾讯云在国内多个城市建立了数据中心，包括北京、上海和广州等，在欧洲和北美也设立了数据中心，同时通过与海外企业合作，建立了海外合作基础设施。在合规性方面，腾讯云拥有 ISO 27001 和可信云等多项认证。目前，腾讯云也提供了免费产品体验，同时为企业客户提供了将近半年的云服务器免费体验。

腾讯的另一款云产品"腾讯微云"是一个面向个人的网络云盘服务，用户可以通过 QQ 或微信账号开通使用。

6.6　专云有专用

专用云可以被认为是一种特殊的公有云，只不过是单一租户的架构，通常是为了满足客户的特殊要求单独架设，并且按照具体的业务需求进行运营和维护。

从本质上来说，专用云是公有云上的单租户孤立环境，公有云服务商甚至可能为专用云配置专用服务器，虽然这些服务器会针对客户的特殊需求而定制，但依然由云服务商拥有、负责并运营。

专用云通常针对的是受特殊监管的企业，通过为客户建立具有更高隔

离性的独立云环境，一方面让客户拥有更加贴近自身业务需求的控制和配置选项，提高业务灵活性和性能，另一方面通过加入针对行业场景特别定义的云端管理工具和内部监控工具，对基础架构的安全、合规及可扩展性进行高度定制化管理。

举例来说，VMware 就推出了名为 VMware vCloud Air 的专用云解决方案，专门针对大型企业的云端需求而设计，在云端提供了定制化的测试、开发、部署和迁移应用。该方案允许用户完全控制 CPU 和内存，还可以为特定虚拟机保留专用存储空间，支持多重网关，从而可以让每个租户拥有自己的网络和防火墙。

专用云提供的功能与常规公有云区别不大，区别主要体现在以下几点。

● 云服务商提供的安全性。

● 云服务商提供的部署、开发和测试工具。

● 特殊的计价和订阅许可。

● 多种产品、服务的订阅和技术支持级别。

● 完善的基础设施，包括计算、存储和网络等。

6.6.1 专用云和私有云的对比

前面介绍云计算基础概念时已经介绍过什么是私有云，与公有云相反，私有云完全建立在用户自己的基础架构上，通常是驻留在本地或者专用数据中心内的私有基础设施，具有完全的可控性和排他性，不会与其他人进行任何共享。而专用云，或者更严谨地说是虚拟私有云（Virtual Private Cloud，VPC），更像是在公有云上建立的私有云，其底层架构是公共或共享基础架构，通过定制化的 IP 子网和保护措施对租户的资源进行隔离。

针对不同的业务，在考虑其最佳托管环境时，都要考虑其战略发展目标和业务需求。从某种角度来看，专用云是公共云和私有云之间的产品，它虽然相较于私有云提供了公有云所具有的规模效益，但由于定制化程度高，总体规模有限，其灵活性和可扩展性又不如公有云上的大多数服务。

但如果以安全性和服务级别来对比，专用云要比公有云好得多，其数

据隔离性、性能和安全防护都要更好，这些收益大部分也来自于其环境的高度定制性。

从使用成本来看，因为使用了公有云环境作为底层平台，专用云比自己搭建的私有云要便宜不少，起码在初期投入方面的压力要小很多，同时，对于一些标准化服务，如虚拟机等，专用云通常也会采用与公有云相同的定价，有些特殊应用场景可能还会根据合同情况得到更多优惠。

6.6.2　政府云

政府云为政府、军队和公共部门提供了一个安全、具有隐私保护、可控、合规且透明的云计算平台。通过标准统一的云基础设施，各种规模的组织和机构都可以利用政府云上的各项服务实现公众服务的数字化转型。

1. 国外的政府云

目前，国外的政府云基本都由国际上领先的云服务商构建，也就是微软、亚马逊和谷歌，然后将其上的云服务售卖给政府和公共机构。从商业模式上来说，政府云与普通公有云别无二致，只是政府云只售卖给政府和公共机构。

从运营角度来看，政府云是云服务商使用已有且成熟的公有云方案，在一个完全物理隔离的地点专门为政府和公共部门提供一个特殊云平台实例，但是会针对所在国家的政策、法规和信息安全标准，在通用架构上再添加政府要求的特殊安全及合规服务，从而保证其上运行的所有系统和应用程序都能满足政府要求。

就全球范围来看，大型政府云项目包括以下几个。

● 美国政府云：微软和亚马逊都为美国政府提供了政府云解决方案，分别是 Azure Government 和 AWS GovCloud。服务对象包括美国联邦、州和地方政府或其合作伙伴，其基础技术与公有云平台基本无异，也提供了跨地理位置的同步数据复制等机制。

- 美国情报部门云服务：2018 年美国情报部门与微软达成协议，签署了使用 Azure 和 Office 365 的协议，美国 17 家情报机构将使用 Azure Government。这项云服务订单金额高达 6 亿美元。

- Project JEDI：联合企业级防御基础设施（Joint Enterprise Defense Infrastructure，JEDI）是美国国防部的云端服务合约，总金额 100 亿美元。该项目的早期竞标者有微软、亚马逊、甲骨文、谷歌和 IBM 等多个厂商。经过激烈角逐后，在 2019 年 11 月，微软成为最后赢家，独揽这一超级大单。

- 澳大利亚政府云：澳大利亚鼓励所有政府机构优先考虑云端解决方案，澳大利亚政府云（https://cloud.gov.au/）是澳大利亚政府安全云战略的一部分，由澳大利亚数字化转型机构（Digital Transformation Agency，DTA）运营。

- G-Cloud：由英国政府推动的政府云计算平台，供应商包括 AWS、微软和谷歌。在 G-Cloud 的框架内，公共机构可以选择的服务和产品包括：基础架构即服务、平台即服务、云端软件和云端技术支持。

2．政府云在中国

在我国，电子政务市场增长迅速，在过去的 10 年间始终保持两位数的增长速度，整体市场规模超过 2 千多亿元。接触过政府信息系统的读者应该知道，虽然我国政府信息化普及程度已经很高，无纸化等工作方式也早已被人们所接受，但不同部门、不同地区之间的各个业务系统依然保持相对独立的运行状况，其底层基础架构也都由各单位自行维护，没有形成共享和互联。既然政府各个部门都花费了大量资金建立和维护自己的信息中心，如果能够有一个专为政府服务的云计算平台，能够以政府要求的方法提供统一云服务，将各个部门的业务系统和数据迁移至统一平台，既可以解决信息系统孤立所产生的挑战，也可以极大提升 IT 基础架构的利用率，进而降低运营和维护成本。

举例来说，税务部门和社保系统就是独立运作的信息系统，都由各自单

独管理，使用自己的机房和服务器，其上的业务系统和数据很难进行打通，因此可能有人一方面从社保部门领取社会福利金，但实际上每月个人收入并不低，要解决这种数据交叉分析就必须从多个方面入手，可能需要先打破系统间的内网隔离，再对防火墙等进行调整，建立不同系统间的专线，设计数据访问接口或中间件，然后构建专用系统对两边的数据进行融合分析，整个项目的成本和规模都会很高。

这是我国政务云诞生的重要背景因素之一。而另一方面根据我国国情，中国的政务云主要是为了满足政府对信息安全、信息治理和数据保护等多方面的特殊要求，同时利用云服务对各个政府部门的信息系统进行统一，实现对数据和业务系统的融合，进而打破不同政府部门间的信息壁垒，实现数据融合。

在新兴技术的驱动下，利用政务云还可以实现不同部门数据的统一管理，进而利用大数据技术、人工智能和机器学习等手段进行数据挖掘和分析，一方面为决策提供更好的数据支撑，另一方面可以更有效地提供公众服务。

在国家战略层面，希望利用云计算为契机对各个政务系统进行全局掌控，使资源池化，提升业务部署的灵活性，利用平台化战略实现信息共享，从大局出发降低整体投入，同时使各个系统、各个区域的信息系统实现规范化运营。

我国的政务云建设与国外的区别主要在于运作方式，外国的政务云只是云计算供应商将政府部门作为特殊客户提供云服务，两者的关系依然是服务提供方与租户，而我国的政务云主要由政府牵头建设，由服务供应商承建并提供技术服务和支持。

截至 2020 年 7 月，已经开展政务云相关项目的省份包括广东、江苏、湖北、山东、安徽和山西等，表 6-8 列出了部分省份的政务云建设规划。例如，早在 2018 年 10 月，广东省发布《广东省"数字政府"建设总体规划（2018-2020 年）》，就提出构建统一安全的政务云、政务网，建设开放的一体化大数据中心、一体化在线政务服务平台的目标。

表 6-8　部分省份的政务云建设计划

省份	政务云政策
广东	广东省在其 2020 年"数字政府"规划中明确指出要构建统一、安全的政务云和政务网，建设开放的一体化大数据中心、一体化在线政务服务平台，以"制度创新+技术创新"推动改革
江苏	江苏省提出一体化在线政务服务平台的建设规划，在 2019 年初步实现政务"一网通办"，希望在 2021 年实现政务服务事项全部纳入统一平台，全省规模实现"一网通办"
湖北	明确提出要加强全省的政务云平台建设，构建服务全省的政务云平台，实现全省政务资源的集中调度和综合服务，实现地方云、行业云与省级政务云的融合共享
西藏	西藏在 2019 年提出了"数字西藏"建设计划，其省会城市拉萨在 2019 年 8 月发布了《数字拉萨"城市大脑"》项目规划，内容包括数字维稳和智慧交通、城市大脑智慧应用、政务云大数据平台等，包括阿里云等多家企业参与项目招投标

政务云在国内发展迅速。目前，阿里云已经针对政务需求提供了政务云解决方案，除了云计算平台弹性可扩展、快速开通和部署的特点，还针对政府独有的信息治理要求提供了安全合规、资源独立、政府独享、多种接入方式和高优先级服务保障。而仅仅在 2020 年 1～3 月期间，腾讯政务云已中标的订单金额就超过了 7 亿，行业预计其全年政务云订单总额会达到 40 亿，增速超过 54%。

6.6.3　专注游戏的 SpatialOS

大型在线游戏，尤其是基于虚拟世界的游戏，如《魔兽世界》《孤岛惊魂》和《侠盗猎车手》等，通常受限于运行游戏后端的单个服务器，因此玩家必须登录特定服务器或分区，无法将服务器间的玩家互联。这对游戏中虚拟世界的规模产生显著影响，其游戏内容本身也受服务器可靠性和并发玩家数量的限制。即使是这种传统游戏，其数量庞大的后端服务器也会对开发、迭代和运维产生很大挑战。

SpatialOS 是软银股份有限公司（以下简称软银）投资的，英国科技独角兽公司 Improbable（英礴）旗下一个基于云的游戏开发技术平台和后端网络层解决方案，适用于快速开发任何类型的多人游戏，并为游戏创新降低门槛、成本和风险。SpatialOS 开拓性的技术改变了传统游戏的开发方式，让游戏平台不再局限于一个游戏引擎，而是将许多游戏引擎和服务器拼接在一起，从而创建丰富、持久的超大型在线世界。SpatialOS 利用云计算平台的可伸缩性，提供了快速大规模部署游戏的基础结构，开发者无须担心游戏服务器的配置

与维护,只需专注于游戏创作本身,从而加快了游戏开发效率,同时其 AI 负载拆分和服务器分区等功能也为游戏创新赋予无限可能。

SpatialOS 云端游戏创作平台支持的技术特性如下。

- 支持的平台:PC、手机、控制台和 VR/AR。
- 支持的游戏引擎:虚幻和 Unity 等所有引擎。
- 支持的开发语言:C#、C++和 Java。

在推动游戏创新方面,SpatialOS 在国内主要以腾讯云计算平台为基础,打破传统服务器边界的限制,可以比单个游戏引擎服务器容纳更多的玩家和 NPC(非玩家角色),帮助开发者设计以前难以想象、无法实现的超大型虚拟世界,从而赋能游戏创新和提升游戏品质。其核心思想在于利用微服务与实体,将游戏世界中各个元素进行解耦并使之独立运行,然后将所有微服务相互重叠,形成一个巨大的无缝世界。在图 6-36 中,利用云计算平台近乎无限的计算资源,SpatialOS 可以通过使用多个游戏服务器来模拟游戏世界的不同区域,创建出由众多玩家、游戏元素和逻辑系统组成的大型无缝世界。云计算平台提供底层计算、网络和存储等资源,SpatialOS 负责处理负载均衡和游戏对象跨边界迁移的复杂性,从而让玩家获得无缝的游戏体验。

图 6-36

SpatialOS 利用云平台实现大型无缝游戏体验

在传统游戏开发中，一个游戏可支持的 NPC 数量是严重依赖服务器性能的。云计算平台的优势是提供了近乎无限的计算资源。SpatialOS 利用这一优势，将玩家与人工智能驱动的 NPC 角色进行分离，通过这种架构，游戏设计者可以轻松增加更多 NPC 角色，摆脱单一服务器的性能限制，从而增加游戏内容的复杂性和多样性，如图 6-37 所示。

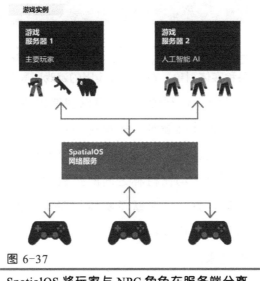

图 6-37

SpatialOS 将玩家与 NPC 角色在服务端分离

以图 6-38 所示的游戏界面为例，游戏中除了有玩家操作的人物外，还有大量计算机控制的非玩家角色，也就是 NPC，除此之外，还有可以与环境产生互动的各种实体，如可以被点燃的树、可以被撞倒的房屋和可以驾驶的汽车等。SpatialOS 利用这种强大的对象模拟能力，让上述所有对象（NPC 和各种实体）都由独立的运算单元运行，运算单元的背后是负责这些实体与环境交互逻辑的微服务。云计算平台提供了强大的计算和网络通信能力，因此可以同时驱动成百上千万个微服务，从而形成超大型虚拟世界。玩家只需控制自己的人物在游戏中与其他玩家和这些实体进行交互即可。

图 6-38

运行在 SpatialOS 上的 CryEngine 引擎（左侧是游戏
中的各种实体对象，右侧是渲染出的游戏画面）

由于每个实体都是独立运行的，因此可以创造出更加逼真的虚拟世界。例如，当游戏中的一片森林燃烧时，每棵树都是一个独立运行的实体，是否燃烧、燃烧的剧烈程度、燃烧的可持续时间等各种属性都是根据周边环境独立运算得出的，因此火焰在树林之间的扩散过程可以更加贴近物理世界的运行规律。这种运行方式同时赋予实体长期保存状态的能力，当一片森林燃烧殆尽后，这种状态可以持续保存，而不会像传统游戏一样，玩家场景切换后状态就被复原。

英礴旗下的自研游戏工作室 Midwinter Entertainment 正在开发的新游戏《Scavengers 拾荒者》是一款具有丰富的 PvPvE 和生存元素的在线团队竞技类射击游戏，玩家会遭遇包括极端天气、瘟疫肆虐、变异猛兽、饥寒交迫、野蛮的外来入侵者，以及敌对的玩家团队等各方面的威胁。AI 负载拆分等功能的使用让其所追求的多样化且人口稠密的游戏环境成为可能，该环境可支持 60 个玩家，并且在 3×3 平方千米的地图中，智能 AI 与玩家的比例达到 5:1。

除了用来开发游戏，由于 SpatialOS 能仿真物理世界的复杂场景，它还可以实现实时物理系统或复杂 AI 环境。例如，英国政府就曾利用 SpatialOS 开发了模拟现实世界的网络基础架构，然后分析潜在网络漏洞，防止黑客攻击事件；汽车自动驾驶软件开发商 Immense Simulations 曾利用 SpatialOS 创建模拟全城公路网络和交通模式的系统，对无人管理车队进行训练。

第 7 章

云端的工业革命——自动化运维

在讨论了各种理论知识之后，这一章笔者将带领读者从运维的角度，从零开始建立一个 Web 项目，通过持续集成与发布自动化管线部署在 Azure 云上，并应用云服务提供的监控和报警功能。

7.1 图形界面还是命令行？

在开始建立 Web 项目之前，先来认识命令行的意义，为后面的操作热身。

7.1.1 认识命令行

命令行用户界面（Commandline User Interface，CUI），简称命令行。本节将给读者展示命令行的一些基本的特性，并与读者熟悉的图形用户界面（简称图形界面，GUI，Graphic User Interface）进行比较。

1. 一切皆文本

如图 7-1 所示的界面，就是在 macOS 下的命令行界面。用户通过键盘输入跟操作系统打交道，~/OneDrive/云计算/chapter 7 是当前用户所在的目录，@CloudComputing 是当前计算机的名字，而"testuser"则是当前用户名，最下方的白色方块就是用户输入的位置。细心的读者也许注意到，这个界面已经显示了两次操作的结果。第一个命令

```
ls .git/hooks/
```

图 7-1

macOS 下的命令行界面

列出当前目录~/OneDrive/云计算/chapter 7 之下 .git/hooks 的目录。

如读者所见，一切内容都是文本。比起充满各种控件、图片甚至视频的图形界面，命令行界面有些单调。一般而言，用户无法通过鼠标与这个界面交互，而只能通过键盘输入需要执行的命令来跟界面交互。

下面来看看读者熟悉的图形界面。如图 7-2 所示的是 macOS 下的文件管理器访达（Finder），跟前面提到的命令行界面显示的是同一目录下的文件。

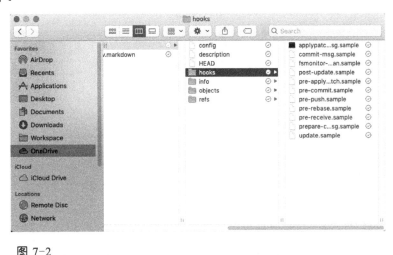

图 7-2

macOS 的文件管理器访达

这里，除了前面命令行里出现过的文件名之外，还有文件名前面用于指示文件类型的图标、窗口上方用于引导用户执行文件操作的快捷按钮，以及窗口左侧用于切换位置的快捷链接。如果用户要搜索当前目录下的内容，右上角还有一个搜索框，可以输入用户想要搜索的关键字。

2．命令行的"按钮"与"输入框"

访达的界面所能实现的功能，命令行界面同样也能实现。

1）切换目录。在访达左侧单击 Workspace 快捷链接；在命令行界面通过 cd 命令切换当前命令行所在的目录，命令执行完毕后，可以看到当前目录变成了 Workspace，如图 7-3 所示。

图 7-3

在命令行界面通过 cd 命令切换目录

2）搜索内容。比如搜索当前目录下所有以 pre 开头的文件，在访达界面的搜索框中输入 pre，按〈Enter〉键进行搜索，搜索结果如图 7-4 所示。

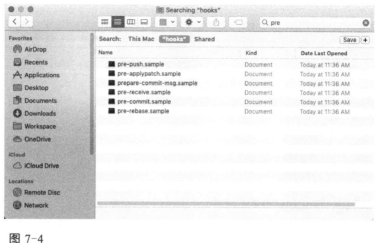

图 7-4

访达的搜索界面

如图 7-5 所示是命令行下类似功能的实现，但不完全等价于使用访达右上角的搜索框搜索。

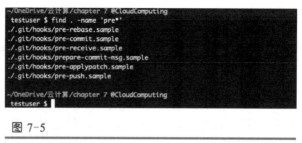

图 7-5

命令行的搜索文件方式

笔者使用了 find 命令，而后面的点"."表示搜索当前目录，-name 'pre*'

表示文件名为以 pre 开头的任意字符串。这里，-name 为参数，'pre*'为前者的值，正如在访达搜索框中输入的 pre。

命令行所需的数据都是通过后面的参数来接收。那么，用户如何知道这些参数呢？此时，需要 man 出场了。

大多数的命令都提供了一个说明书（manual），而 man 命令可以显示这本说明书。

在命令行界面输入"man find"，然后按〈Enter〉键，可以看到关于 find 命令的帮助文档，如图 7-6 所示。

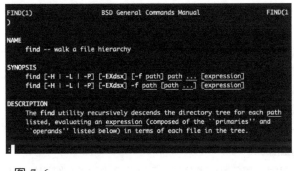

图 7-6

find 命令的帮助文档

用户可以按〈J〉键往下继续阅读，按〈Q〉键退出阅读。

3．云服务管理的图形界面和命令行

以 Azure 云为例，它的每一类操作几乎都可以通过图形界面和命令行两种方式实现，这给了终端用户极大的自由。

通过 Azure 的图形界面尝试创建虚拟机需要输入各种参数，如虚拟机的名称、部署的区域、操作系统、硬件配置和超级管理员账户等，如图 7-7 所示。

而如果通过 Azure 的命令行界面创建虚拟机，则只需一条命令即可达到同样的目的，如图 7-8 所示。

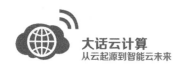

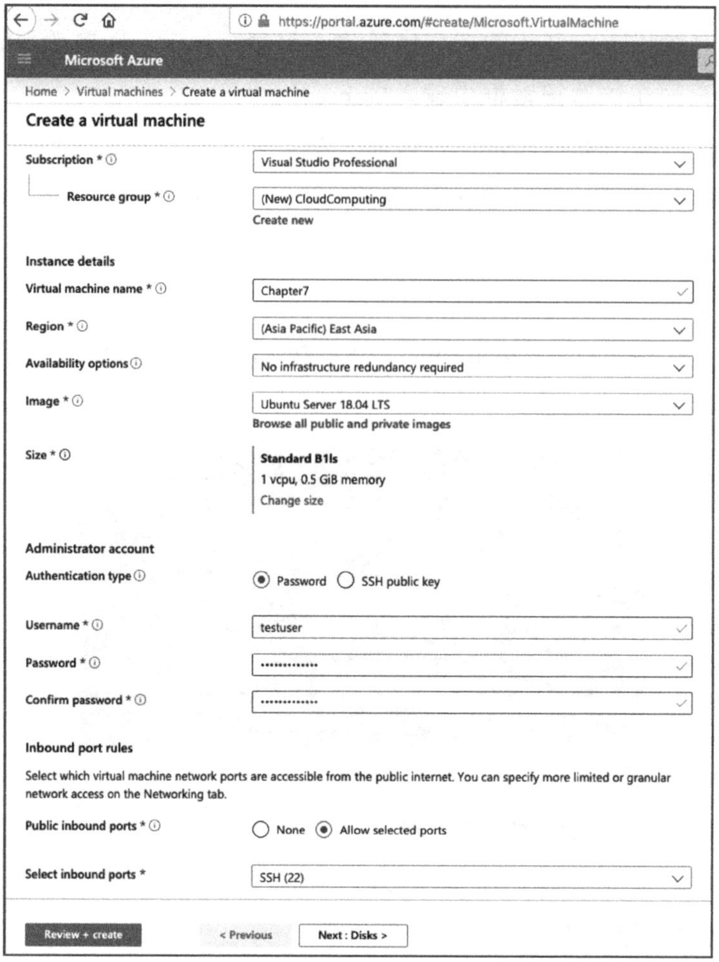
https://portal.azure.com/#create/Microsoft.VirtualMachine
Microsoft Azure
Home > Virtual machines > Create a virtual machine
Create a virtual machine
Subscription *
Visual Studio Professional
Resource group *
(New) CloudComputing
Create new
Instance details
Virtual machine name *
Chapter7
Region *
(Asia Pacific) East Asia
Availability options
No infrastructure redundancy required
Image *
Ubuntu Server 18.04 LTS
Browse all public and private images
Size *
Standard B1ls
1 vcpu, 0.5 GiB memory
Change size
Administrator account
Authentication type
Password
SSH public key
Username *
testuser
Password *
Confirm password *
Inbound port rules
Select which virtual machine network ports are accessible from the public internet. You can specify more limited or granular network access on the Networking tab.
Public inbound ports *
None
Allow selected ports
Select inbound ports *
SSH (22)
Review + create
< Previous
Next : Disks >

图 7-7

Azure 创建虚拟机的图形界面

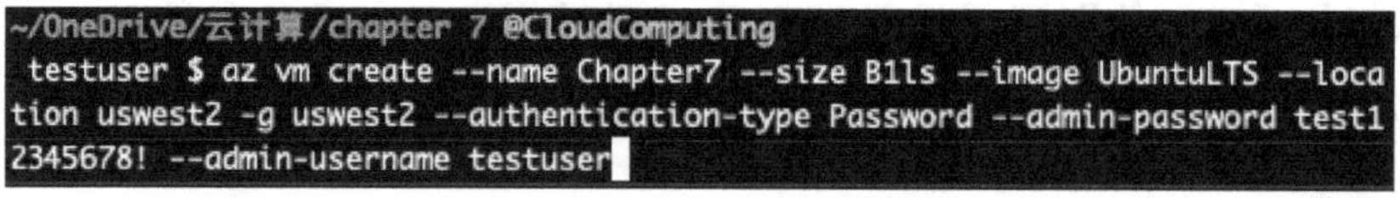
~/OneDrive/云计算/chapter 7 @CloudComputing
testuser $ az vm create --name Chapter7 --size B1ls --image UbuntuLTS --loca
tion uswest2 -g uswest2 --authentication-type Password --admin-password test1
2345678! --admin-username testuser

图 7-8

Azure 创建虚拟机的命令行界面

7.1.2　为什么程序员更喜欢命令行？

在进行某些任务的时候，程序员似乎更加青睐命令行，而不是图形界

面。程序员认为，命令行更加有效率。那么，命令行的效率体现在什么地方呢？它是如何帮助程序员完成任务呢？

1. 直观——精确记录每一个操作

如前面用 Azure 的命令行创建虚拟机的例子，每一个细节都写在了格式统一的参数里，不会像图形界面那样有各种不同的表现形式。

用户在执行完上面的命令后，这句命令还会被记录在命令行执行的历史记录里，用户可以通过 history 命令查看过去执行过的命令，如图 7-9 所示。

```
46  az vm create --help
47  az vm create --name Chapter7 --size B1ls --image UbuntuLTS --location
uswest2 -g uswest2 --authentication-type Password --admin-password test123456
78! --admin-username testuser
48  history
```

图 7-9

history 执行后的最后三个结果

读者会发现 history 把执行的结果也如实地记录了下来。可以想象，如果重复执行这段命令，就能重现用户需要的结果。用户也能把这段命令通过电子邮件或即时通信聊天工具传递出去。如果是图形界面，即使用户截图保存下来，也很难简单地重复之前的操作，所有的 UI 控件用户都要重新访问一次。

2. 正交——与其他命令行输出交互

管道与重定向：命令行的任意命令，主要通过标准输出（一种命令之间约定的沟通信息的通道）来输出自己的计算结果，如 ls 命令通过标准输出把当前目录的内容传递出去，如果没有后续的命令处理，则输出到屏幕上。而这个输出，可以通过管道 "|" 来作为下一个命令的标准输入，如图 7-10 所示。

```
ls | grep pre
```

重定向则是把标准输出的内容输出到其他接收源，如另一个进程或一个文件。

```
~/OneDrive/云计算/chapter 7 @CloudComputing
 testuser $ ls .git/hooks/ | grep pre
pre-applypatch.sample
pre-commit.sample
pre-push.sample
pre-rebase.sample
pre-receive.sample
prepare-commit-msg.sample
```

图 7-10

程序执行结果

下面用一个简单的文本文件来演示如何把各种命令组合使用。以一份非常迷你简历为例，如图 7-11 所示。

```
Logan Zhou
----------

## Riot Games
### Legue of Runeterra
SRE Engineer

## Microsoft
### Bing.com
Software Engineer
```

图 7-11

纯文本的迷你简历 cv.markdown

1）wc 命令用于输出统计，如统计简历的行数，完整命令如下，输出结果如图 7-12 所示。

```
cat cv.markdown | wc -l
```

```
~/OneDrive/云计算/chapter 7 @CloudComputing
testuser $ cat cv.markdown |wc -l
     12

~/OneDrive/云计算/chapter 7 @CloudComputing
testuser $
```

图 7-12

cat 与 wc 命令通过管道结合

2）grep 命令用于过滤输出，如抽取简历中的关键信息，下面这条命令可以得到作者工作过的公司，输出结果如图 7-13 所示。

```
cat cv.markdown | grep '###'
```

```
:/mnt/c/Users/logan/OneDrive/云计算/chapter 7 @CloudComputing
testuser $cat cv.markdown | grep '###'
### Legue of Runeterra
### Bing.com
```

图 7-13

cat 命令与 grep 命令通过管道结合

3）sed 命令用于文本的替换，如替换上一个程序的输出把"###"替换为"-"，如图 7-14 所示。

```
:/mnt/c/Users/logan/OneDrive/云计算/chapter 7 @CloudComputing
testuser $ cat cv.markdown | grep '###' | sed -e 's/###/-/g'
- Legue of Runeterra
- Bing.com
```

图 7-14

两个管道的结合

这里把 cat、grep 和 sed 三个命令串连在了一起。每个命令都清楚地知道前面命令的输出是文本格式，而自己也将输出文本。

7.2 认识持续集成和持续发布

在上一节里，读者体会到了命令行为操作和跨程序协作带来的便捷性。而持续化集成就是把这种命令行之间的协作做到极致，变成一个从编译代码到最终部署的工具管线，而使用的用户完全不用关心它的细节。

7.2.1 持续集成和持续发布的定义

持续集成（Continuous Integration，CI）和持续发布（Continuous Delivery，CD，又称持续交付）是经常放在一起提及的两个概念，专有词组 CI/CD Pipeline 用来描述他们同时存在的持续集成与发布自动化管线。

1. 持续集成

持续集成是一种编程实践，它让开发团队通过实现对代码一系列小的改动，高频率地提交到版本管理源。现代程序需要依赖大量平台与工具链，需要一种行之有效的方式去反复确认每个改动的正确性。

持续集成在技术上的目标是建立一个自动化、工序稳定一致的工作流程。这种流程包括编译代码、打包编译输出，以及测试最终生成的结果。这种稳定一致并可以反复执行的流程，让开发人员可以更加频繁地提交改动，从而提升合作效率和代码质量。

2．持续发布

持续发布是在持续集成之后的一系列动作。持续发布自动化交付生成的产品到各个目标环境，如测试环境、审查环境和生产环境等，以用于不同的目的。除了生产环境外，多数的团队都会面对各种不同的环境，如开发人员使用的开发环境、测试人员使用的测试环境。持续发布可以保证各种修改以一种稳定、符合预期的方式交付到这些环境上。

在发布的过程中，除了把持续集成的最终产物复制到目标环境外，持续交付通常还会跟外部的 Web API、数据库和其他服务通信，让新的改动最终在目标环境生效。

7.2.2　为什么持续集成和发布可以提高效率

持续集成与发布有一套与之相伴的版本管理实践来指导团队之间的合作。而通过加入大量的自动化流程，持续集成与发布极大地减少了试错的成本和人为的错误。

1．更加高效的合作模式

持续集成作为一种实践，依赖于对工作流程的管理和自动化。当使用持续集成时，开发人员高频率地提交他们的代码到版本管理源中，有些团队甚至会对提交的频率作具体的要求，如每天一次。这种要求的原因是比起一大段需要数天甚至一个月写成的代码，一段小规模的代码改动更容易定位质量问题。另外，通常代码是对整个团队的人开放的，如果开发人员的提交周期非常短，那么就可以避免出现多人共同编辑同一段代码，最终产生冲突的情况。

当用户实现持续集成时，通常用户会从版本管理源的配置开始。虽然用户高频率地提交代码，但是一个新特性或者一段对错误的修复往往由多

次代码提交组成，这些提交代码的时间跨度有长有短。团队需要通过版本管理和持续集成的结果来选择和判断哪些改动可以更新到生产环境。

　　能对多个并行开发的特性实施有效管理的其中一种方式是版本管理系统中的分支管理。分支策略有很多种，其中之一被称为 Git 流程，它定义了一系列基于源码分支的合作流程，如新的代码应该放在什么分支，如何命名，如何合并入其他主干分支，如开发分支、测试分支和最终生产分支。对于需要长时间开发的特性，也会使用专门的副主干分支，用于其他更细小分支的并入。当一个新特性完整之后，这个新特性代表的分支将会被合并入主干分支。这种工作方式最大的挑战是当大量特性在并行开发的时候，如何管理这些分支的合并。

2．减少试错成本

　　在持续集成与发布的概念出现之前，对于代码的改动，开发人员需要自行把编译结果进行一系列的编译打包操作，在业内缺乏统一的指导思想去优化整体的流程。这些冗长的重复性劳动极大地打击了开发人员的积极性，开发人员从而倾向于一次性提交大量的代码，以减少测试和部署的频率。由于测试的频率降低了，一个错误往往要在更长的开发周期后才会被发现，这种"一次性提交大量的代码"的偏好反而又增加了开发人员的其他时间成本，被称之为试错成本。

3．减少人为错误

　　对于大量重复性的工作，在一些流程严谨的公司里，也许会通过详细的文档来描述每一个步骤应该如何正确地执行。但是这远远无法减少人为的错误。正如那句计算机领域的谚语"如果一个人工操作的步骤存在犯错的可能，那么它必然会有犯错的一天"。减少人为犯错的空间，与尽可能自动化一切是两个在工程领域相互关联、相互促进的主题。

　　持续发布与集成，通过脚本和配置把所有的流程都完全自动化，最大限度地减少人为犯错的空间。而且由于整个流程稳定、可重复，对于流程或者具体脚本中出现的错误，用户都可以轻易对其进行改进和测试，而不会出现人们"随机犯错"的情况。

7.2.3 在 Azure 云建立一个.NET Web 程序的持续集成与发布

本节将带读者经历从建立 Git 的本地代码仓库，创建 ASP.NET Core 的工程到建立 GitHub 云代码仓库的全过程。

1）通过命令行创建工程。通过调用 dotnet 的命令创建一个 ASP.NET Core Web API 的项目，并把项目名字设为 helloweb，命令如下。

```
dotnet new webapi --name helloweb
```

Web API 项目是一种通过 HTTP 协议把程序的功能暴露给外界的项目，执行命令后的输出结果如图 7-15。

```
PS C:\Users\logan\Workspace> dotnet new webapi --name helloweb
The template "ASP.NET Core Web API" was created successfully.

Processing post-creation actions...
Running 'dotnet restore' on helloweb\helloweb.csproj...
  Restore completed in 56.65 ms for C:\Users\logan\Workspace\helloweb\helloweb.csproj.

Restore succeeded.
```

图 7-15

在命令行下创建一个 ASP.NET Core 的工程

2）测试运行。进入刚刚创建的项目的目录，执行以下指令即可编译、运行当前项目。

```
dotnet run
```

该命令会在用户的机器上运行一个用于测试的 Web 服务器，并加载项目的示例逻辑。可以看到 Web 服务器在监听 localhost 域名（本机）下的 5000 和 5001 端口，如图 7-16 所示。

```
PS C:\Users\logan\Workspace\helloweb> dotnet run
Info: Microsoft.Hosting.Lifetime[0]
      Now listening on: https://localhost:5001
Info: Microsoft.Hosting.Lifetime[0]
      Now listening on: http://localhost:5000
Info: Microsoft.Hosting.Lifetime[0]
      Application started. Press Ctrl+C to shut down.
```

图 7-16

运行工程的输出

3）在浏览器中访问 API 地址 https://localhost:5001/WeatherForecast 得到的结果如图 7-17 所示。这是该项目用于演示的输出内容，是几个城市的气温信息，该内容为 JSON 格式，图 7-17 中的 JSON 已经被浏览器格式化了，方便用户阅读。

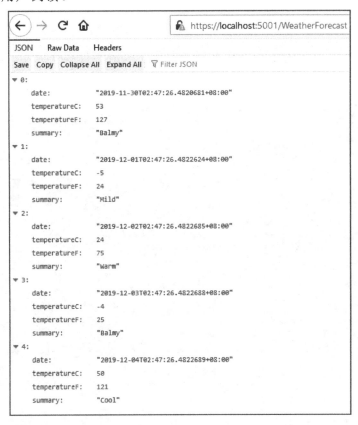

图 7-17

项目运行后的输出

4）用 Git 管理该工程。下面把刚才生成的项目的全部代码用 Git 来管理。把当前目录置于 Git 的管理之下的命令如图 7-18 所示。

```
PS C:\Users\logan\Workspace> cd .\helloweb\
PS C:\Users\logan\Workspace\helloweb> git init
Initialized empty Git repository in C:/Users/logan/Workspace/helloweb/.git/
```

图 7-18

把当前目录初始化为 Git 的工作目录

5）创建.gitignore 文件，并加入以下两行内容，该文件用于指示 Git
忽略指定的文件。这是.NET 工程用于放置临时文件和最终输出文件的两个
目录。

```
bin/
obj/
```

6）把当前工程的所有文件都添加到 Git 本地的代码仓库中，如图 7-19
所示。

```
PS C:\Users\logan\Workspace\helloweb> git add .
PS C:\Users\logan\Workspace\helloweb> git status
On branch master

No commits yet

Changes to be committed:
  (use "git rm --cached <file>..." to unstage)
        new file:   .gitignore
        new file:   Controllers/WeatherForecastController.cs
        new file:   Program.cs
        new file:   Properties/launchSettings.json
        new file:   Startup.cs
        new file:   WeatherForecast.cs
        new file:   appsettings.Development.json
        new file:   appsettings.json
        new file:   helloweb.csproj

PS C:\Users\logan\Workspace\helloweb> git commit -am "Hello world."
[master (root-commit) 7c1602c] Hello world.
 9 files changed, 192 insertions(+)
 create mode 100644 .gitignore
 create mode 100644 Controllers/WeatherForecastController.cs
 create mode 100644 Program.cs
 create mode 100644 Properties/launchSettings.json
 create mode 100644 Startup.cs
 create mode 100644 WeatherForecast.cs
 create mode 100644 appsettings.Development.json
 create mode 100644 appsettings.json
 create mode 100644 helloweb.csproj
```

图 7-19

添加当前目录下的所有文件到 Git 本地的代码仓库中

7）在 GitHub.com 创建一个代码仓库 repository，用于存放 helloweb
项目的代码。

GitHub 上代码仓库的创建界面如图 7-20 所示。其中包括代码仓库的
名字、是否私有等信息。

Create a new repository

A repository contains all project files, including the revision history. Already have a project repository elsewhere? Import a repository.

Owner   Repository name *

Xorcerer ▾   /   helloweb   ✓

Great repository names are short and memorable. Need inspiration? How about scaling-octo-fiesta?

Description (optional)

从代码到交付的云上自动化示例。

○ **Public**
   Anyone can see this repository. You choose who can commit.

◉ **Private**
   You choose who can see and commit to this repository.

Skip this step if you're importing an existing repository.

☐ **Initialize this repository with a README**
   This will let you immediately clone the repository to your computer.

Add .gitignore: **None** ▾   Add a license: **None** ▾   ⓘ

Create repository

图 7-20

在 GitHub 上创建一个私有代码仓库的界面

8）单击"Create repository"按钮后，会在下一个页面看到一个如何把计算机本地的 Git 代码仓库关联到 GitHub 代码仓库的指引，如图 7-11 所示。

...or push an existing repository from the command line

```
git remote add origin git@github.com:Xorcerer/helloweb.git
git push -u origin master
```

图 7-21

把本地计算机的 Git 代码仓库关联到 GitHub 代码仓库的指引

9）按照上面步骤执行，并把当前工程的全部代码推送到 GitHub 上刚刚建立的代码仓库中，如图 7-22 所示。

至此，刚才创建的代码就全部被同步到了 GitHub 上的代码仓库中了。

```
PS C:\Users\logan\Workspace\helloweb> git remote add origin git@github.com:Xorcerer/helloweb.git
PS C:\Users\logan\Workspace\helloweb> git push -u origin master
Enumerating objects: 13, done.
Counting objects: 100% (13/13), done.
Delta compression using up to 4 threads
Compressing objects: 100% (11/11), done.
Writing objects: 100% (13/13), 2.73 KiB | 560.00 KiB/s, done.
Total 13 (delta 0), reused 0 (delta 0)
To github.com:Xorcerer/helloweb.git
 * [new branch]      master -> master
Branch 'master' set up to track remote branch 'master' from 'origin'.
```

图 7-22

把本地代码仓库的源码推送到 GitHub 代码仓库

7.2.4　在云上创建自动化编译

本节将会带领读者为上一节建立的工程和对应的 GitHub 代码仓库创建 Azure 上的可持续集成。

1）访问 Azure 云的 Portal 页面（用户入口），地址为 https://portal.azure.com/。将会看到 Azure Services 页面，如图 7-23 所示。单击左上角"Create a resource"。

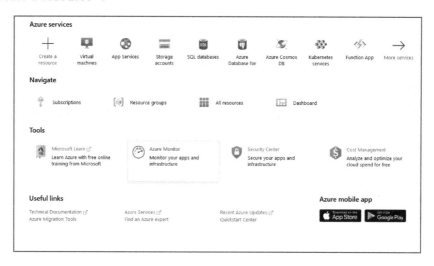

图 7-23

Azure 的用户入口

在 Azure 中，一切的服务都是 Resource。

2）在 Azure 的资源市场中搜索 DevOps，在搜索框输入"DevOps"，按〈Enter〉键，如图 7-24 所示。这是 Azure 提供的从源代码到正式上线

全过程的持续化集成与发布服务。

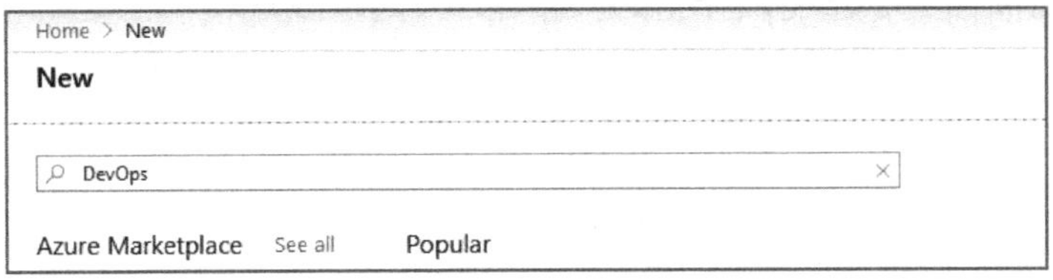

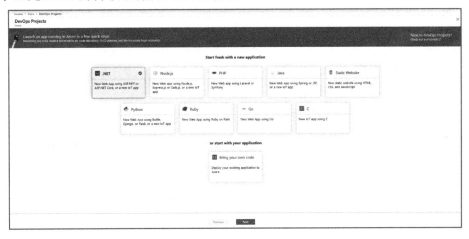

图 7-24

输入 DevOps 作为搜索 Azure 资源的关键字

在搜索结果里选择"DevOps Projects"。

3）图 7-25 中列出了所有 Azure 支持的持续化集成管线的语言，第一个正是.NET 的持续化集成语法的模板。

图 7-25

Azure 默认给出的各种常见工程的 CI/CD 模板

4）选择如图 7-26 所示的选项，然后单击"Next"按钮进入下一步。

图 7-26

.NET 类工程的模板

5）新页面上有三个关于 .NET 工程的细分选项，如图 7-27 所示。选择中间的"ASP.NET Core"，单击"Next"按钮。

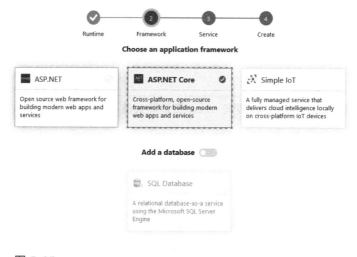

图 7-27

选择具体项目类型

6）此处将看到多个可以部署的目标选择。包括不同的平台或不同的集群管理方式等，如图 7-28 所示。为了简单起见选择选择"Windows Web App"，继续单击"Next"按钮。

7）输入要部署的目标域名，以及 ASP.NET Core 应用所运行的环境，如图 7-29 所示。

图 7-28

选择项目最终部署的目标类型

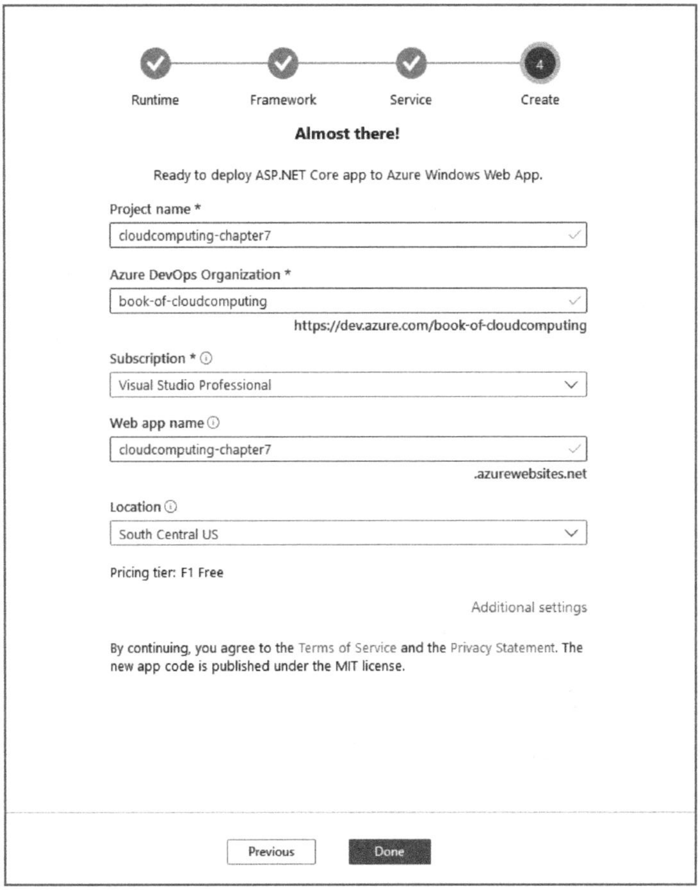

图 7-29

给创建的项目起名和选择部署的数据中心

可以注意到最下面选择的环境是"F1 Free",这是一个免费规格,仅用于演示,实际应用中可以根据性能需求选择合适的应用容器。

8)单击"Done"按钮后,Azure 将开始创建这个可持续集成管道,将进入如图 7-30 所示的页面。

观察图 7-30 左边的流程图,Azure DevOps 为了方便用户理解整个流程,帮助用户创建了一个代码仓库并且进行了一次编译。至此,一个演示用的工程已经创建好了。这个演示工程包括以下几部分。

图 7-30

创建好的 CI/CD 管道的总图

- 代码仓库（之后会被替换为 GitHub 上的代码仓库）。
- 编译管道。
- 发布管道。
- Web App（发布管道的输出目的地，本章的项目）。
- Application Insights（项目中自动创建，用于日志收集和展示的应用，在下一节将用到）。

现在要为前面 GitHub 上的 helloweb 工程设置持续集成与发布。

1）单击图 7-30 中的"Build Pipelines"菜单，可以看到所有 Pipelines（持续集成与发布的工具管道）的清单，如图 7-31 所示。

选中唯一一个管道，单击右上角的"Edit"按钮来编辑这个管道的参数。读者将看到如图 7-32 所示的编辑界面。

2）在编辑界面单击中间的"Get sources"，即可切换该管道的代码仓库。

大话云计算
从云起源到智能云未来

图 7-31

Azure 编译管道

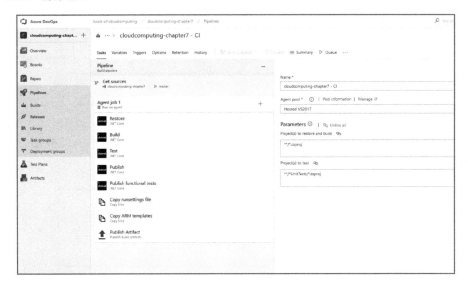

图 7-32

编辑编译管道

3）用户可以根据提示选择用户 GitHub 上的代码仓库。由于 GitHub 和 Azure DevOps 分属两个账户系统，读者也许还会看到授权界面如图 7-33 所示。按提示授权 Azure DevOps 访问前面建立的代码仓库。

第 7 章 | 191

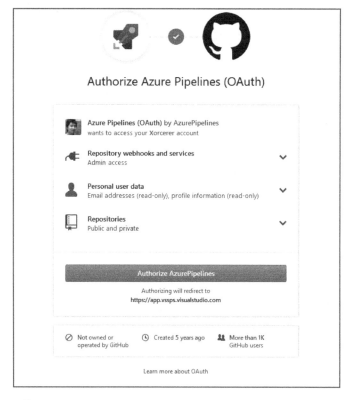

图 7-33

GitHub 授权第三方应用的界面

4）单击"Repository*|Manage on GitHub"一栏右边的"…"按钮，如图 7-34 所示。

图 7-34

选择前面创建的代码仓库

5）此时会弹出另一个授权页面，授权 Azure DevOps 作为一个插件安装在 GitHub 的代码仓库之中，如图 7-35 所示。此处让用户决定是否先授予 Azure 控制 GitHub 上刚刚创立的代码仓库。

6）授权成功后回到 Azure，现在 Azure 已经可以读取 GitHub 代码仓库的信息了，如图 7-36 所示。

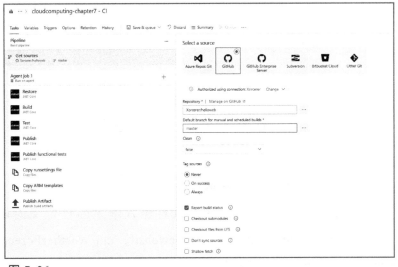

图 7-35

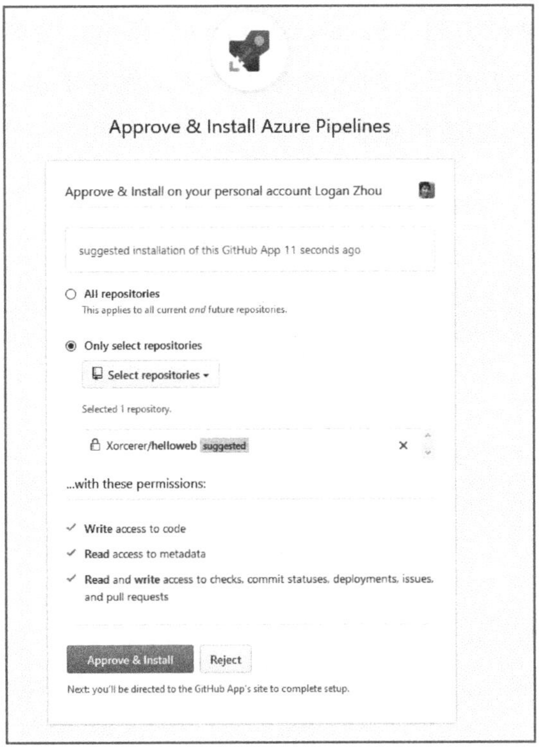

授权安装 Azure Pipelines 插件到 GitHub

图 7-36

Azure 可以读取 GitHub 代码仓库的信息

7）选择菜单栏中的"Save and queue"菜单，会弹出 Run pipeline 对话框，如图 7-37 所示，输入必要的备注，然后单击"Save and Run"按钮，开始第一次编译和部署。

图 7-37

手动执行一次完整的管道

8）部署完成之后，在浏览器的地址栏输入刚才的自定义的域名和链接 https://cloudcomputing-chapter7.azurewebsites.net/WeatherForecast，并按〈Enter〉键，结果如图 7-38 所示。

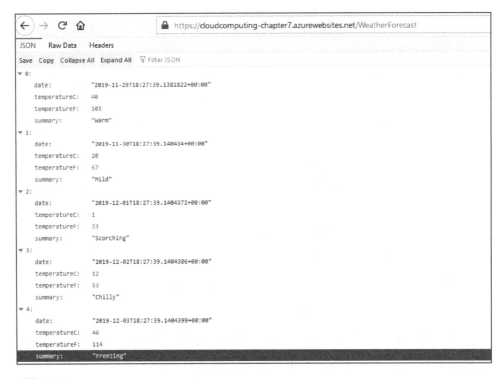

图 7-38

这是 ASP.NET Core 工程的示例返回值

至此，代码已经成功地部署到了云上。

7.3 自动化监控

在上一节的项目部署完成之后，对于软件的完整生命周期而言，下一个任务是监控项目的种种表现。这一节将介绍 Azure 云上自动化监控的基础设施。

7.3.1 极度简化的数据收集

云服务由于提供了基础设施即服务、平台即服务和软件即服务，并且面向用户的硬件都在虚拟化平台之上，所以很容易预先植入各种监控的组

件，从而极度简化了各种监控数据的收集。

1．硬件数据收集

硬件数据（如 CPU 使用率、硬盘 IO 和网卡利用率）在实体硬件上，需要在操作系统中安装必要的监控程序，通过对应硬件的驱动程序 API 来读取数据。而硬件虚拟化之后，采集数据的组件可以放在宿主系统上，从而对虚拟硬件的最终用户透明。

2．预置在基础架构的监控组件

对于用户常用的组件（如 HTTP 网关和数据库），云服务自然也会内置对应的监控组件，从而简化用户的监控设置门槛。例如，上一节用到的 Web Application，从 HTTP 请求数据量、请求的时间到不同 HTTP 状态码的请求，都会被一一收集汇总到 Azure Monitoring 上。

3．用户应用内的信息收集

对于用户自行开发部署的应用，云服务跟传统做法并没有太多的区别，需要用户针对自己的业务细节主动提供需要监控的信息。

7.3.2　大一统的监控概念

"大一统"的概念来自于物理学，原指的是用同一套公式体系去解释 4 种力的存在，在这里是指把不同来源的数据用同一套模式来处理，如可视化。如果从数据的类型去将各种纷繁的信息分类，会发现大多数数据类型能被简单地归类为两种类别：标量（Metrics）与日志（Logs）。现代的监控系统所有的设计，都是围绕这两个类型而建立的。

1．标量

标量是一个数字，用来衡量某一时刻系统在某一方面的状态。一个标量通常会以一定的时间间隔被监控系统收集，内容包含时间戳、名字和值，以及一组用于描述或给该标量进行分类的标签。标量可以通过各种算法进行聚合运算，可以跟其他标量进行比较，或通过其历史数据分析其趋势。

标量可以存储在各种数据库中，而其中最有效的一种数据库被称为时间序列数据库（Time Series Database）。由于时间序列数据库对时间序列结构的优化，存储在其中的标量特别适合用于预警和快速定位问题。通过实践序列中标量值的变化，再结合后面提到的日志，用户很容易能找到线上事故的根本原因。

2. 日志

日志是对系统中各种事件的记录，包含不同的数据类型和信息。其中有些日志有相应的结构和层次，如 JSON 格式；有些日志则可能是口语化的文本；有些日志也可能附带多个标签，以表明它的性质，方便日后检索。日志通常零散地分布在时间线上，而系统的负载大小往往会影响日志在时间线上的稠密程度。

对于意外事故的日志应该包含一个事件足够多的信息，方便用户定位线上事故的根本原因。

7.3.3　用 Azure Monitoring 来监视 Web App 的各项数据

Web App 包含两类基本数据，一类是支持 Web App 运行硬件资源的使用情况，另一类是 Web App 业务逻辑的日志。

上一节创建了一个 ASP.NET Core 项目，现在介绍如何监控该项目。在上一节，笔者提到了样例工程创建里一个 Application Insights 的实例，进入该实例。

在图 7-39 中可以看到有一个 InstrumentationKey，这是用户程序与 Application Insights 对接的关键。

图 7-39

Application Insights 实例的管理界面

使用 Visual Studio 打开上一节创建的 ASP.NET Core 项目，右击项目名称选择"Manage NuGet packages"（管理 NuGet 包），搜索 Microsft.ApplicationInsights.AspNetCore 这个包名，如图 7-40 所示。

图 7-40

在 NuGet 管理器中添加 Application Insights 的 SDK

安装之后，在配置文件中写入 InstrumentationKey，这是 Application Insights SDK 把当前程序和 Azure 上建立的 Application Insights 的实例联系起来的凭据，如图 7-41 所示。

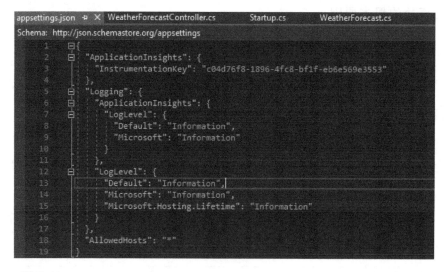

图 7-41

在配置文件中写入 InstrumentationKey 并设置 LogLevel

接下来在代码中引用 SDK，如图 7-42 所示。图中的文件 Startup.cs 是启动文件，当 ASP.NET Core 的项目启动时，Startup 会立即执行来初始化各种参数，如配置、第三方库的引用等。

```
Startup.cs  +  X    NuGet: helloweb      appsettings.json
helloweb                                                    helloweb.Startup
20                    Configuration = configuration;
21            }
22
          1 reference
23        public IConfiguration Configuration { get; }
24
25        // This method gets called by the runtime. Use this method to add services to the container.
          0 references
26        public void ConfigureServices(IServiceCollection services)
27        {
28            services.AddApplicationInsightsTelemetry();
29
30            services.AddControllers();
31        }
```

图 7-42

在 ASP.NET Core 的启动配置中注入 ApplicationInsights 的依赖

最后，在 WeatherForecastController.cs 文件的唯一一个 Controller 方法 Get() 中，插一行自定义日志打印，该日志获得 URL 参数里 username 的取值，如图 7-43 所示。

```
WeatherForecastController.cs  +  X    Startup.cs      WeatherForecast.cs
                                                      helloweb.Controllers.WeatherForecastController
        [HttpGet]
        0 references
        public IEnumerable<WeatherForecast> Get()
        {
            var rng = new Random();

            _logger.LogInformation("Visited with username {Username}.", Request.Query["Username"]);

            return Enumerable.Range(1, 5).Select(index => new WeatherForecast
            {
                Date = DateTime.Now.AddDays(index),
                TemperatureC = rng.Next(-20, 55),
                Summary = Summaries[rng.Next(Summaries.Length)]
            })
            .ToArray();
        }
    }
```

图 7-43

在 Controller 里插入日志代码

做完这几件事之后，用户可以把配置和代码提交到 Git，push 到 GitHub 上的代码仓库。用刚才设立好的编译与部署管道，部署到 Azure 云的 Web App 上。切换回浏览器，进入 Azure 管理页面的 Application Insights 页面，进入实时监控子页面看看常用的两类监控，如图 7-44 所示。

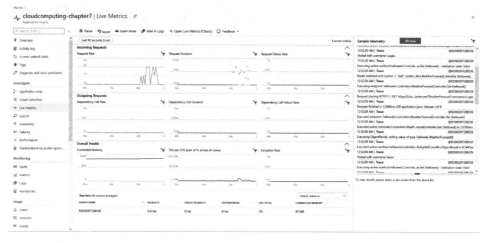

图 7-44

实时监控子页面

1．基础参数监控

在图 7-44 的左侧是各种通用、基础参数的监控选项，如图 7-45 所示是单位时间里的请求数和请求时长在时间轴上的分布图。

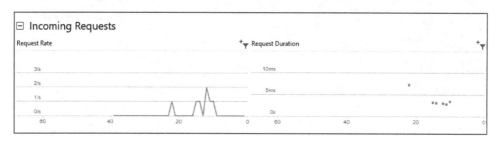

图 7-45

单位时间的请求数和请求时长的分布

2．日志监控

在图 7-44 的右侧是各类文本日志，包括 ASP.NET Core 框架生成的日志，和图 7-43 刚才加入的那一行代码。值得注意的是，笔者用于测试的 URL 之一是：

```
https://cloudcomputing-chapter7.azurewebsites.net/Weath
erForecast?username=Logan
```

URL 中带有 username 参数 Logan 或 Jason。如图 7-46 所示是 Azure 收集到的最近几条日志，框中是图 7-43 插入的日志。

可以看到，除了自己定义的日志之外，还有项目所依赖的 Web 服务器生成的日志，都在 Azure 的监控系统里展示。

Sample telemetry

Executed action method helloweb.Controller...URl.AspNetCore.Mvc.ObjectResult in 0.49ms	
12:52:30 AM | **Trace**	@RD0003FF28B50E
Visited with username Logan.	
12:52:30 AM | **Trace**	@RD0003FF28B50E
Executing action method helloweb.Controlle...er.Get (helloweb) - Validation state: Valid	
12:52:30 AM | **Trace**	@RD0003FF28B50E
Route matched with {action = "Get", contro...llers.WeatherForecastController (helloweb).	
12:52:30 AM | **Trace**	@RD0003FF28B50E
Executing endpoint 'helloweb.Controllers.WeatherForecastController.Get (helloweb)'	
12:52:30 AM | **Trace**	@RD0003FF28B50E
Request starting HTTP/1.1 GET https://clou...bsites.net/WeatherForecast?username=Logar	
12:52:09 AM | **Trace**	@RD0003FF28B50E
Request finished in 3.5686ms 200 application/json; charset=utf-8	
12:52:09 AM | **Trace**	@RD0003FF28B50E
Executed endpoint 'helloweb.Controllers.WeatherForecastController.Get (helloweb)'	
12:52:09 AM | **Trace**	@RD0003FF28B50E
Executed action helloweb.Controllers.Weath...recastController.Get (helloweb) in 2.0788ms	
12:52:09 AM | **Trace**	@RD0003FF28B50E
Executing ObjectResult, writing value of type 'helloweb.WeatherForecast[]'.	
12:52:09 AM | **Trace**	@RD0003FF28B50E
Executed action method helloweb.Controller...ft.AspNetCore.Mvc.ObjectResult in 0.5445m	
12:52:09 AM | **Trace**	@RD0003FF28B50E
Visited with username Jason.	
12:52:09 AM | **Trace**	@RD0003FF28B50E
Executing action method helloweb.Controlle...er.Get (helloweb) - Validation state: Valid	
12:52:09 AM | **Trace**	@RD0003FF28B50E

图 7-46

实时日志显示

第 8 章

云计算的局限性

前面已经用了很多篇幅介绍云计算的优势和价值，但作为一个理性的人，应该清楚地知道云计算的缺点，对其优缺点进行权衡，这一点对于业务决策者、技术决策者来说尤其重要。本章将介绍一些值得注意的云计算的局限性和缺点。

8.1　网络依赖

为了获得云计算，享受云计算所带来的种种收益，各种系统和终端设备就必须始终拥有互联网连接，这是一个无法绕过的基本要求，也是云将计算资源交付给世界各地的唯一途径。

中国台湾由于其特殊的地理位置，这一问题就显得尤其突出。中国台湾拥有大量制造业和半导体产业工厂，其客户来自世界各地，在数字化转型的时代浪潮下，所有企业都希望为全球客户提供更好的数字内容和在线服务，因此越来越多的企业开始思考向云端迁移，将过去部署在本地的服务转移至云计算平台上。

但是，截至 2020 年 7 月，除了谷歌的 GCP，其他云服务商在中国台湾都没有数据中心。如果这些制造业和半导体企业将各种 IT 服务和系统都迁移到云端后，一旦出现网络中断，造成生产管理、物流或供应链等系统出现服务中断，只要生产出现短暂停滞，就会造成数百万元的经济损失。

以所有制造业企业都会使用的 ERP 系统为例，在传统部署模式下，ERP 系统部署在企业的内部机房，这些机房通常使用专线与各个分支办公室、厂房相连，可以保证很好的可用性。即使出现问题，由于一切都部署在本地，也可以使用双线备份、双市电接入和冗余备份等多种方式确保可用性。

对于中国台湾来说，由于本地没有云计算数据中心，企业在上云时只能选择临近的地区，如中国香港、新加坡和日本。而中国台湾与其他地区的网络连接全部依赖于海底光缆，如果这些光缆出问题会怎样？

2006 年 12 月 26 日，中国台湾周边海域发生强烈地震，这次震断了中

国台湾南部和中国香港周边海域的 14 条国际光缆,造成该地区大面积网络瘫痪。包括国际电话、互联网通信等电信服务都出现不同程度的瘫痪。

由于地震等自然灾害引发的通信中断是难以预估恢复时间的,可以想象,对于以高科技制造业为主打产业且地震多发的中国台湾,虽然企业主希望利用云计算平台实现更多业务收益,但这种无法掌控的风险始终是他们最担心的问题。

此外,如果遇到任何技术问题,对于部署在本地机房的服务来说,可以很容易定位、识别并修复,或者可以请其他同事、朋友一起帮忙修复。而对于云端的各项服务来说,一旦遇到问题,除了在线联系技术支持团队在没有其他办法了,有些技术问题是无法通过自己在内部解决的。而有些云服务商并不提供 7×24h 技术支持,或者多语种支持,在有些紧急状况下用户可能除了干着急也再没有什么好办法。

除了网络中断,网络带宽也会对云计算平台的适用性造成很大的影响。以澳大利亚为例,虽然澳大利亚是发达国家,但其网络基础设施并不发达,其高速宽带网络的建设过程可谓坎坷。

澳大利亚从 2007 年开始计划并建立全新的国家宽带网络(NBN),主要采用的是光纤到节点(FTTN)技术,为全国 90%以上家庭和企业提供高达 100Mbit/s 的网络连接。但实际上,到了 2019 年这一计划也没有完全实现,NBN 网络覆盖率不仅推进缓慢,其服务也主要以 20～50Mbit/s 为主,价格高昂,远不及所宣称的速度值。而在我国,目前许多家庭的宽带服务都已轻松达到 50Mbit/s,很多城市还推出了 200Mbit/s 的入户带宽。

对于这种情况,如果要将原本假设在本地机房的服务和数据迁移到云平台上,则必须对服务进行评估。对于数据量不大的服务,迁移至云端后不会遇到很大的问题。而如果应用场景存在大量数据需要频繁交换,或者需要实时上传、下载大量数据,由于需要通过互联网与云平台交互,那么网络带宽的瓶颈就会造成严重的问题。

当然,带宽资源是可以通过其他方式改善的,云服务商可以通过投入资金对其网络基础设施进行提升。例如,Azure 就在世界各地没有云计算

数据中心的地区建立了大量网络接入点，这些网络接入点与临近的 Azure 数据中心通过专用线路直连，提供了非常好的网络连接保障。当用户访问云端资源时，其数据通信会经由本地的网络接入点，直接进入 Azure 的后端网络架构，从而使网络访问性能得到极大提升。但对于中国台湾这样的海底光缆中断的问题，除了在本地架设备份和备援系统，或者使用卫星中继以外，再没有什么好的解决方法了。

8.2　易受攻击

云计算更容易受到攻击，这一点也跟上一小节介绍的网络依赖性高度相关。

在云计算平台上，所有组件都是在线的，各种潜在漏洞都完全暴露无遗。尤其是那些最危险的 0day 漏洞，这些漏洞是已经被黑客、恶意攻击者发现并开始利用，但厂商还不知道或者还无法提供修补方案的漏洞。由于云平台必须保持在线，因此一旦出现 0day 这样暂时没有解决方案的漏洞，其影响也会是巨大的。

虽然各个云服务商都大力招兵买马，但即使是最好的团队也会不断遭受严重攻击和漏洞风险。而对于攻击者而言，云计算平台作为一个大型网络基础设施，也是非常好的攻击对象，其分布广泛、用户量大、数据量大，一旦找到一个漏洞攻入其中，就可以获得无法想象的数据和各个租户的系统控制权，而这些租户可能是电商平台、保险公司，也可能是移动支付创业公司。虽然难以想象云计算平台的漏洞在黑市上的交易价格将会是多少，但一些数据可以供读者参考。例如，2015 年苹果 iPhone 的 iOS 操作系统的一个漏洞在黑市的交易价格是 100 万美元，如若换做云计算平台，其黑市价格恐怕只会更高。

另一方面，即使云计算平台本身可以确保 100%的安全，但由于其责任共担的特性，租户自己也必须具有很强的安全和风险防护能力。尤其对于

云计算平台这种公开、公共构建的架构性服务来说更是如此。

如果是本地搭建的机房，其系统和网络环境可能与其他公司完全不同，对于攻击者来说，在攻击时需要进行大量探索和尝试，才能逐步厘清机房内部的软硬件架构。而云计算平台的操作和使用方式高度一致，租户在使用时也不会受到任何安全性检查，如果任何服务配置不当，很容易被攻击者发现。在一个云计算数据中心，其 IP 地址不仅是公开的，而且很可能会连续分布，攻击者可以很容易利用扫描工具对整个网段数万个 IP 地址进行扫描，从而找出适合攻击的对象。

另一种恶意攻击是直接针对网络出入口，使用大量数据包或者服务器请求对其进行阻塞，也就是拒绝服务攻击（DoS），或者更大规模的分布式拒绝服务攻击（DDoS）。举例来说，如果用户在某个云数据中心部署了一个网站，在同一个数据中心内，有另一个网站因为某些原因成为攻击者的攻击目标，如果攻击者使用 DDoS 作为攻击手段，因为用户的网站和受攻击网站都在同一个数据中心，使用相同的网络出入口，因此虽然用户没有直接遭受攻击，但也会受到影响。

各个云服务商都在不断努力提升平台安全性来应对这些风险。最有特点的是微软 Azure 的红蓝对抗团队（Red vs Blue team）。红队和蓝队都是微软内部的安全团队，但他们扮演不同的角色。红队作为"坏人"，由一群技艺精湛的"黑客"组成；蓝队作为和平保护者，由精通安全防护的专家团队构成。他们为了不同的目标不断努力寻找新的出路。

红队的"黑客"不断尝试各种攻击方法和探测工具，跟踪最新出现的安全威胁，使用最新、最复杂的手法对微软的各项服务进行"模拟"攻击。这种攻击类似军事演习，不会真的发起战争，因此不会触及客户数据或者导致服务受影响，但可以很接近真实世界的实际情况。

蓝队是负责信息安全的主要响应者，他们使用复杂的监控和防护手段，将数据中心内发生的一切都放在显微镜下进行审视。通过采用机器学习等先进手段，不断寻找可能的风险或可疑活动，同时对异常情况进行深入调查，因为一些攻击可能不会在当下或攻击点造成影响，但其长尾效应可能

会显现在其他地方。

红队和蓝队彼此通过不断挑战来完善各项安全措施和方法，从而保护微软云端基础设施并确保客户的数据安全。

作为用户，也需要从租户角度减少安全风险，提升可靠性。首先需要建立信息安全、数据安全的意识和责任，让所有团队成员了解并学习云计算安全的最佳实践，建立相关安全策略和审查流程，设置访问和使用权限，让安全成为 IT 运营的核心目标之一。

同时，云平台上的用户还要充分利用平台本身提供的各种安全保护、监控和响应工具，例如，Azure 上的安全中心（Security Center）、Sentinel、Azure Monitor，或者是 AWS CloudWatch、AWS CloudTrail 等。当然，无论是传输还是存储的数据，加密是必不可少的。

最后，任何从事 IT 相关工作的人都有必要了解最新的安全风险和攻击手段，关注一些安全博客和资讯，了解其攻击方法和应对措施。

8.3　隐私保护

在前面两节，读者了解了云服务的种种安全机制和特性，这一节读者将了解到这些安全机制如何保护用户个人隐私。

8.3.1　隐私保护概述

云端对大规模数据处理的能力越来越强，一改以往用户数据基本在用户自身设备上存储的传统。这种趋势随之出现滥用用户数据的负面案例，隐私保护是最近两年各大厂商的热门话题。亚马逊、谷歌和微软都在自己的新产品发布会上强调了自己的隐私政策。

隐私保护与一般的数据保护的区别在于，它更强调对用户隐私数据的可控访问，而不是隐私数据的物理安全。在极端情况下，可以说隐私数据被泄露给第三方造成的损失（以及随之而来的公关事故）远远大于用户隐

私数据被意外删除的后果。

微软曾提出了对隐私数据管理的六个原则。

- 用户掌握自己数据的控制权。

- 一切对数据的操作对用户透明。

- 数据安全，包括必要的备份与加密手段。

- 符合当地法规。

- 没有基于隐私内容的定向投放，如根据用户邮件内容来投放针对性的广告。

- 只在让用户受益的前提下收集数据。

8.3.2 生活中的隐私数据与控制

人们生活中使用的各种设备和软件，都在不断产生于人们隐私相关的各种信息。除了直接由用户编写的内容，如邮件和短信之外，还有用户在浏览器产生的浏览记录、手机通过 GPS 记录的用户历史位置信息，以及用户日常维护的联系人、日程安排等信息。产生这些信息的设备和软件，都为用户提供了对应的控制方式。

1. 网页浏览产生的记录

这包含用户浏览网页的历史、搜索引擎的搜索历史等，由于云存储与同步的存在，有些不仅是在本地的数据，而且现在也全部同步到了云端，让用户在多个设备保持相同的上网体验。例如，当用户在家里的台式机上的微软 Edge 浏览器输入 taobao.com 访问淘宝网后，出门时打开手机上 Edge 浏览器输入 t，也许第一个提示就是 taobao.com，因为几分钟前的上网信息，已经同步到了手机的 Edge 浏览器上。

除了同步到各个终端外，存储在云上的数据还会被用于服务提供商针对用户的个性化定制，比如根据用户浏览的偏好，谷歌、微软、百度等搜索引擎会在理解用户输入的关键字的同时，尝试把用户的偏好考虑在内。例如，当关键字在不同领域都有意义时，搜索引擎会优先推荐用户之前感兴趣的领域。比如搜索"工程师认证"，对于一位软件工程师用户和一位土

木工程师用户会显示不同的搜索结果。

对于每一个拥有云端同步功能的浏览器，如图 8-1 所示的 Google 的 Chrome 浏览器，都提供设置让用户决定是否关闭云同步功能，关闭之后，用户的浏览记录将会只留在本地。而对于搜索引擎，则至少有两种方法来关闭引擎对一个用户的追踪，一种方法是在搜索引擎进行设置，关闭对自己的偏好记录（如果有的话），另一种方法是从浏览器端着手，打开隐私模式，让搜索引擎无法把当前的用户跟自己记录在案的用户相关联（如通过 Cookie）。

图 8-1

Google Chrome 浏览器云同步的设置

2．用户去过的地点

无论是手机上的 GPS，还是用户上网的 IP 地址，都会直接或者间接地让手机应用推测出用户的地理位置。用户的定位有利于让一款应用基于该定位为用户做出相应的推荐，比如大众点评可以根据用户当前的位置，为用户推荐附近的饭店，而高德地图则以用户的位置为起点，为用户规划出行的路线。

值得一提的是，有时业务上并不需要用户地理信息的应用，也有可能出于对用户有利的目的收集用户的位置信息。比如微软的登录中心在每次用户登录系统时都会记录用户当时的地理位置。当用户在非常用地区登录时，比如一位在上海的用户突然显示在索马里登录，系统就会通过其他途径（如备用邮箱）向用户发出警告，甚至冻结账户直到确认是用户本人。

对于查看用户地址的行为，GPS 定位可以通过关闭应用的 GPS 权限来限制，macOS 就提供了这样的功能，如图 8-2 所示。如果应用通过 IP 地址来判断用户的地址（一般而言这种方式的精度不够，只能大致判断城市），那么并没有有效手段能防止这类信息被收集。

3．语音助手与用户的日程、联系人和各类应用数据

随着计算能力的增加，工程师的投入，软件开始注重越来越多的细节，比如提醒用户各类纪念日，帮用户自动安排日程，在发短信时快速找到匹配的收件人。而后来语音助手的出现，这类用户对相关信息的获取变得更加积极，以便更加精确地理解用户，为用户提供更加个性化的服务。

图 8-2

macOS 关于用户定位信息的可访问性的设置

无论是微软的 Cortana，还是苹果的 Siri（如图 8-3 所示），每个语音助手都提供了选项让用户决定什么数据可以被这些语音助手读取。

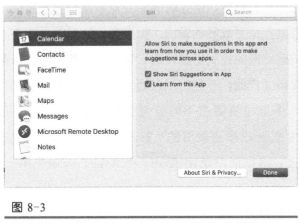

图 8-3

用户可以设置苹果 Siri 能触及哪些 App 的数据

8.4 平台锁定

对于已经迁移到云端的用户来说，平台锁定是云计算的另一个缺点。本节将为读者介绍平台锁定的概念，以及致力于跨平台的用户为了突破"锁定"做出的尝试。

1. 平台锁定的表现

尽管云计算为人们提供了诸多好处，如提高灵活性、节约成本，但针对通用场景设计的云计算平台并不能解决人们的所有问题，有时依然会遇到无法满足的需求。例如，磁盘存取速度和数据库访问能力可能无法满足大型电商网站的需求，如果公司的所有资源都部署在某个云上，遇到这种情况基本无能为力。

对云服务商的担忧还来自更多地方，包括云服务商对系统、应用的更新速度不够快，如云端的环境总是落后一两个版本；云服务商的产品规划无法满足自己的业务发展需求，且这些产品规划往往是保密的，在正式公开前谁也不知

道这家云服务商未来是否会提供某个功能；最严重的是云服务商本身无法继续提供服务，破产、清算、倒闭，或者遇到重大技术故障无法恢复服务，有些读者可能会觉得有些危言耸听，但互联网企业竞争激烈，发展快，倒闭也快，始终将风险纳入考量点是更成熟的做法。如果在云端部署的业务非常重要，免不了对失去核心基础设施的控制感到顾虑。如果将全部业务环境都放在云端，对云计算平台形成高度依赖，一旦出现问题，可能会造成极大影响。

当然，可以考虑将资源在不同云端进行迁移。这的确可行，也是世界上绝大多数大中型企业都会采用的"多云战略"，通过将资源同时部署在多个云计算平台上，比如同时使用 Azure 和 AWS，以避免单一平台造成的平台锁定。

然而，在云服务商之间进行切换并非一项轻松的任务，因此市面上有大量的第三方公司专门针对这一场景提供解决方案，比如 Terraform，开放源代码的基础架构即代码解决方案，可以适配包括 Azure、AWS 等多个公有云平台；Cloudify，针对多云场景提供资源协调和管理服务。

云计算平台发展迅速，很多服务只需一年时间就会变得和过去非常不同，而不同云计算平台在底层也存在大量的设计差异，因此大多数多云管理服务都不太成熟，虽然在技术上是可行的，但在实际操作中依然会发现很难将一个服务从一个云平台搬迁到另一个平台，迁移和管理的成本、配置复杂性和技术挑战可能让人望而却步。迁移过程中如果遇到无法满足的需求、无法回避的妥协和配置差异也会对安全性和性能造成一定的影响。

有一些手段可以帮助解除或者缓解这种平台绑定带来的风险。

首先，在设计阶段，就需要考虑对整体云端架构进行分层解耦，让应用程序的各个模块尽可能抽象化、接口化，采用云端最佳实践构建云端服务，这样既可以降低平台锁定的级别，也可以提升混合环境或多云环境的互操作性，虽然设计、部署和运营的复杂性会有所增加，但可以减少从一个平台移植到另一个平台的难度。

其次，在采购云服务时，需要清楚地了解这些服务的特点，哪些是专属服务，哪些符合最佳实践，避免过分依赖某一平台的特殊功能或特性形

成平台绑定，这样也有助于建立更好的技术团队，一方面不会使团队技能过于单一平台化，另一方面也容易找到适应技术要求的新人。

然后，从一开始就考虑使用多云策略，在有限的条件下，尽可能利用不同云服务商提供的服务获得最佳可用性和性能。对于数据来说，避免使用专有格式；在运维管理上，增加基础设施即代码这种可重用的部署方式。虽然这种方法会增加团队负担，但可以始终从各个平台挑选最好的服务，并且提升团队技能的适应性。

2．突破平台锁定的尝试

使用新的方法、框架开发应用程序，如使用微服务、无服务器函数、RESTful API、容器、Kubernetes 等方法开发的应用程序可以天然与云端环境相隔离，可以较为轻松地实现在不同云中的迁移。

以游戏"英雄联盟"的开发商——拳头游戏（Riot Games）为例，为了让自己的游戏在全球不同的网络环境下运行（如公司私有环境、AWS、GCP 及腾讯云等），用了大量各平台通用的组件和自主研发的工具来运维自己的产品，并针对新的环境扩展已有的工具。

拳头游戏 2014 年开始，便着手循序渐进地把自己所有的服务容器化，并通过 DC/OS（提供的特性是 Kubernetes 的超集）来管理各个云平台上的容器。拳头游戏还通过 OpenContrail 来作为 SDN（软件定义网络）的控制器，管理各个云平台上容器网络的设置。无论是 DC/OS 还是 OpenContrail，都是独立于云平台自身基础设施的组件。

英雄联盟在腾讯的平台上线之后，DC/OS 无法在腾讯云上使用，需要采用腾讯的容器管理平台蓝鲸容器服务（BlueKing Container Scheduler，BCS）。为了兼容腾讯的 BCS，拳头游戏与腾讯运维中心合作扩展了自主研发的容器部署工具 Gandalf，使其同时支持 DC/OS 和 BCS，使得部署拳头游戏的产品时的配置文件和指令通用，实现了平台无关的运维操作。

再以游戏云平台提供商 Improbable 为例，Improbable 的产品 SpatialOS 在设计之初就把跨云平台作为目标之一。使用 SpatialOS 的用户在不同云服务商的平台迁移时，如从 AWS 迁移到 GCP，运行在 SpatialOS 上的

业务逻辑（如地图系统、游戏装备系统等）不需要付出任何额外的工程成本。

8.5　成本问题

读到这里，有些读者可能会感到困惑。经常提到云计算可以降低成本，以按需使用、按用量付费的方式节省开支，但为何云计算依然存在成本问题呢？

想象一下，当面对微软的 Azure 云计算平台提供的上百个服务时（如图 8-4 所示），是不是很容易针对业务需求进行尝试？云计算极大降低了部署和实施难度，很多服务只需要点一点鼠标即可创建，因此经常遇到用户在还不了解这些服务的具体功能就进行尝试，如果再忘记删除闲置或试用的服务，几个月下来可能总体成本会远高于预期。

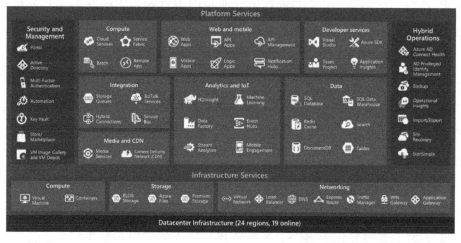

图 8-4

Azure 上众多服务的一部分

云计算平台上的服务异常丰富，无论是安全、监控，还是数据存储、分析，都从不同层面、不同角度提供了多种服务选择。传统的虚拟主机只是按月提供固定费用的账单，而云端账单会根据所使用的服务和用量决定。

经常看到企业为了实现最佳安全防护，开启云端的所有安全服务，类似的事情也经常发生在数据存储上，如使用不必要的异地冗余、过度配置（如为存档资料也使用 SSD 存储）等都会导致云端成本迅速失控。因此，在切换到云平台时，必须要在资源需求和服务配置之间实现一定的平衡。

在将任何系统迁移至云端前，都需要详细了解这些程序的工作方式、性能要求、依赖性、安全和身份验证策略以及最佳云端架构设计，然后使用云服务商提供的价格计算器进行估算，详细评估服务中的每一项内容和计费方式。Azure 的定价计算器如图 8-5 所示。

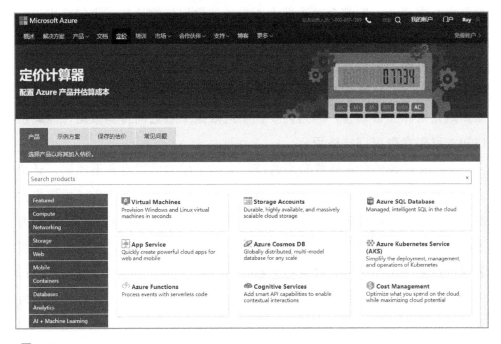

图 8-5

Azure 的定价计算器可以帮助用户详细评估费用组成

云计算服务与本地部署的服务器相比，最大的区别在于如果资源错误配置，很容易被人忽略。例如，很多云服务商都提供了免费资源，但很多用户对于免费资源的用量、有效期等知之甚少，如果没有搞清楚具体的免费内容，可能会造成费用的增加。

对于新用户来说，如何对云端资源的用量和使用率进行跟踪也是一大

挑战，在缺乏经验的情况下，很可能出现大量资源的浪费（如过度配置），而如果缺乏有效的自动化管理工具，云端资源保持长期运行状态，与本地部署相比也不会在按需使用、按用量付费方面有显著差异，预期节省的成本也无法达成。

另一个可能让读者感到惊讶的费用是网络成本，该成本由两方面构成：本地与云端之间的网络费用，以及云计算平台上产生的网络费用。为了确保信息安全和通信稳定，很多公司都会在本地和云端之间架设 VPN 等专用线路，如果分支办公室众多，这部分成本增长速度会非常迅速。对于云端数据中心来说，一般都会对数据中心对外的数据传输计费，也就是出口带宽费用，如果从云端存储下载 10TB 的数据，就会在账单中见到这部分传输费用；有的云平台还会对上传流量计费，也就是入口带宽费用，这部分费用发生在从云计算数据中心外向内传输数据时。对于跨数据中心的应用，如异地冗余和灾备系统，因为需要在不同数据中心之间传输数据，因此出口和入口带宽费用同样适用。

不同云计算平台在计费和用量统计方面采用的术语也各不相同，计费方式也有所区别，如 Azure 上的"虚拟机"，在 GCP 上被称为"虚拟机实例"，而 AWS 则将其称为"实例"。搞清楚这些名词和它们背后的定价方式是控制花销的必须要求。如果不熟悉，一定要认真研究，但有时因为服务规格众多（如 Azure 的虚拟机就就有 A、B、D、E 等多种级别，每个级别还提供了多种规格组合）、构成复杂（如虚拟机分为通用、计算优化和内存优化等多种，所选配的磁盘、内存也有不同的价格）、协议条款复杂（如 Azure 的预留实例、开发\测试价格等），在不熟悉的情况下很难自己厘清其中的差别，最好的办法是直接联系云服务商的销售代表，让其提供所需的规格和用量参考，并提供成本预估表。如果在账单上看到不理解的费用组成，最好的方法也是联系销售代表。

最后一点，云计算平台上的服务在不断调整、更新，其定价也经常发生变化，随着竞争的加剧，整体来看全球云计算市场的定价都呈现着下降的趋势，但这并不代表价格不会上升，尤其是新的规格和服务可能采用完

全不同于以往的定价策略，有的服务甚至按秒计费，虽然乍一看单价并不贵，但一个月运行数百小时后的价格可能会很高。频繁变化的价格让用户很难长期规划成本计划，AWS 自最初发布以来其定价已经改变了数十次，对于长期部署的云端资源来说，可能很多用户都没有注意到价格变化。

从技术角度来看，虽然无法完全控制成本，但有些手段可以帮助用户更好地监控成本变化。

- 尽可能建立自动化流程，实现自动缩放，利用管理工具或脚本自动按需开启或关闭云端资源。
- 在新建服务时，首先从已知的最低可用规格开始，然后根据负载变化逐步调整至最优。
- 使用云平台提供的资源监控服务，如 Azure 上的 Advisor 可以告诉用户哪些资源长期处于闲置状态。
- 避免过度配置，采用最小可用单元，配合自动扩展服务。
- 创建报表、警报等对成本进行追踪。

8.6 其他潜在风险

在之前的章节中，专门介绍过云计算的安全性和合规性，但凡事都有两面性，随着越来越多的新应用程序或现有应用程序迁移到云端，新的商业、技术、法律和合规风险也由此产生。

从本质来看，云计算的环境风险与传统数据中心没有区别，云计算平台同样可能存在漏洞，从而被恶意攻击者利用。但就云服务的特性来说，随着抽象级别的提升，从基础架构即服务，到平台即服务，再到软件即服务，用户对基础架构的了解会越来越少。举例来说，随着无服务器函数的流行，很多企业都会使用 AWS 上的 Lambda 服务，但用户对该服务的底层架构、运行环境等知之甚少，作为商业机密很多信息也不会公开。由于用户无法了解这些信息，也就无法对其进行保护，从而为企业带来潜在风险。

　　一个可信的云服务必须实现成熟的租户隔离，不同租户的系统、软件和数据必须保持有效的隔离，一方面保证的是数据隐私和业务安全，另一方面避免病毒、故障等在租户间传播，造成经济损失。尽管截至目前还没有因为租户隔离失败造成的已知攻击案例，但谷歌的研究人员利用硬件级漏洞已经验证了这种跨租户攻击的可能，这种攻击方法的变种形式被命名为"熔断（Meltdown）"和"幽灵（Spectre）"，它们利用英特尔（Intel）处理器的设计缺陷，实现了无须特权即可访问敏感数据的攻击。在云计算平台上，设想如果攻击者的虚拟机恰好与某一金融机构或证券系统的虚拟机在同一台物理服务器上，一旦发起这种攻击，其后果是非常严重的。目前，这两种攻击手段已经通过软件进行了规避，各主流操作系统，包括Windows、Linux、Android 和 macOS 等都提供了相应的修复程序。但由于软件无法从根本上修复硬件的设计缺陷，因此这些修补程序都造成了处理器性能的显著下降，这种性能降低对于云计算用户来说也造成了一定的损失。

　　很多云计算平台都对数据存储默认提供了数据冗余特性，但由于用户对底层平台细节不可见，具体数据操作不可知，在删除数据时，究竟哪些数据会被删除？哪些数据会被保留？被云服务商保留的数据有效期是多久？这些问题都必须详细了解平台的技术细节才能知道。尽管如此，使用者依然无法知道数据是否被安全删除，避免攻击者或其他人获得或恢复被删除的数据。因此，选择可信赖、声誉良好、经过多种认证的云平台是有必要的。

　　云服务商还可能面对来自内部的威胁，例如，在招聘员工时可能没有做充分的尽职调查和背景调查，内部人员可能会滥用内部工具和授权，访问、使用、损害或泄露客户的数据和信息。另一种内部威胁来自于商业合作，很多云计算平台都提供了大量的第三方扩展服务库，一个可信的云计算服务商需要对这些第三方提供的增值服务进行安全评估和合规性检查，避免引入无法满足服务标准的第三方内容。

第 9 章

腾云驾雾，云计算上的新技术

当云计算还是新兴事物时，很多人认为这只是一种炒作，是将数据中心进行的概念包装，而现在云计算已经远远超出数据中心的概念，不仅改变了 IT 世界的诸多方面，而且从一种新技术发展成其他创新技术的推动者。

毫不夸张地说，如果没有云计算作为推进剂，人工智能（AI）、物联网（IoT）、大数据（Big Data）等新兴技术将无法大规模实现。正是由于云计算平台提供的强大数据处理和存储能力，这些新兴技术才得到迅速普及。

9.1 云计算与 DevOps

对于很多人来说 DevOps 可能还是一个很新的名词，尤其对于不做软件开发的人士来讲，所有跟 Dev 有关的名词都会让人感到费解。"Dev"是英文 Development 的一种缩写，意思是开发，在 IT 领域通常是指软件开发（Software Development）。"Ops"是英文单词 Operation 的缩写，意为运营，在 IT 领域通常指系统工程师、网络管理员、运维人员、发布工程师、数据库管理员 DBA 等。DevOps 作为一个新名词，其含义也非常直观，即开发运维一体化。

DevOps 的潮流离不开敏捷开发（Agile Development）的兴起。传统的软件开发流程和软件生命周期管理遵循的是瀑布式模型，如图 9-1 所示，按照这种流程进行软件开发通常需要严格按照顺序工作，不同人员具有严格分工，如程序员、测试工程师等，每个阶段必须等到前序阶段彻底完成才能开始工作。这种方式最主要的问题在于开发周期长，通常可能需要数年，任务划分明确导致协同性差，后续工作流程对前序工作具有高度依赖性，因此在后续阶段识别的问题难以得到修正，或需要进行大量返工导致更高的时间和经济成本。一旦软件进入最后的维护阶段，前期大量技术人员就会转移到下一个项目中，除了必要的安全修补和重要权限，

团队不会投入更多精力进行功能改善，因此该产品也会在新版本推出时被彻底淘汰。

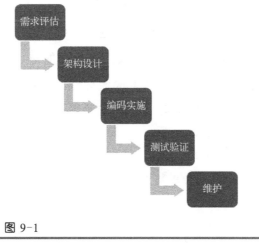

图 9-1

瀑布式软件开发流程

瀑布式开发模型并非只有缺点，从历史角度来看这种模型的直观性和严格的工作分工成就了无数的软件产品，其中许多都是非常大型的开发项目，如 Windows 操作系统等，对于传统大型软件开发商来说，针对高需求、高用量的软件采用瀑布式开发模型是合乎市场要求的。但是，随着硅谷创业风潮的兴起，互联网的普及，软件工程已经不再是只有大型企业才能完成的项目，现在越来越多的个人开发者不断贡献创意，开发出一个个新奇有趣的应用，在风险投资的支持下，这些个人开发团队也可以挑战传统 IT 企业，进而使整个 IT 市场的竞争变得更加激烈。从需求侧来看，当信息高速公路已经铺设到每个人家门口时，人们对科技产品的需求也变得更快，也渴望以更短的时间获得可以满足需求的应用，传统的瀑布式开发流程动辄数年的开发周期已经无法很好地满足市场对竞争力的要求。

埃里克·莱斯的《精益创业》一书更是将"敏捷"工作方式推向新的高度，其中阐述的快速更新、快速迭代、最简可行产品和验证式学习等都成为如今敏捷开发的核心思想。

通过这种思想进行软件开发的方法就是"敏捷开发"，可以用更短的时

间推出新产品和服务。通过向早期用户提供试用不断获得反馈进行快速迭代更新，减少企业面对的市场风险，同时避免在产品得到有效验证前进行大量资金和资源投入。

敏捷开发把传统的瀑布式开发流程进行浓缩，将整个瀑布压缩在一个个彼此相连的小周期中，每个周期只关注一个功能点，而非完成整个项目。通过将每个周期彼此相连，形成一个快速迭代的周期，因此可以不断交付新的功能，并且随着市场反馈对后续开发计划进行持续修正，其工作流程如图 9-2 所示。

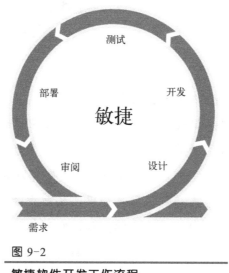

图 9-2

敏捷软件开发工作流程

回归到 DevOps，开发运维一体化的实质并非一种技术，而是一种对敏捷开发进行的实践，通过自动化软件开发和运维流程可实现更快、更可靠的持续性软件构建、测试和发布。在实践 DevOps 时，很难用确切的技术来定义具体的操作方法，它作为一种对实践进行指导的思想有时更像是一种文化、一种运动，或者一种哲学。这种思想反对传统软件开发模型，反对将产品经理、架构师、程序员、测试工程师、系统和网络工程师等不同岗位的人分开，要求所有人环环相扣紧密合作，运营和开发工程师共同参与到整个软件生命周期。DevOps 针对的是传统软件开发和 IT 运维之间相

对孤岛化的团队运作特点,以建立合作文化为基础,强调工作思维方式的转变,通过工具、平台和自动化工作流让软件工程师和 IT 工程师更好地协作并更紧密地集成。

1. 敏捷规划

团队中所有成员都可以看到需要完成的任务,并考虑其优先级和依赖关系,所有任务都是非常小的功能点,大的模块不会一次性开发完成。这些功能点的背后对应的是用户故事(从用户的角度来描述用户渴望得到的功能)、日志中收集的错误信息,或者需求设计。

2. 持续集成

持续集成(Continuous Integration,CI)是自动化构建并测试代码,每当团队成员提交新的代码更改时,CI 会自动运行。

3. 持续交付

持续交付(Continuous Delivery,CD)是自动实现从构建到测试环境或生产环境的发布、配置和部署。

在 DevOps 的世界中,一些常见的敏捷开发工具见表 9-1。

表 9-1　DevOps 常见工具

任务	常见工具
任务管理	Kanban
代码托管	Git、TFS
发布	Jenkins、Travis、TeamCity
配置管理	Puppet、Chef、Ansible、CFEngine
编排	ZooKeeper、Noah、Mesos
监控	Fluentd、Logstash
虚拟化/容器化	Azure、AWS、Container、OpenStack

在一个典型的 DevOps 工作流中,每天所有团队成员的工作从站会开始,软件工程师、产品经理、测试工程师等所有人围绕一个任务看板(Kanban)进行任务进度讨论和规划。如图 9-3 所示是一个典型的 DevOps 看板。这个站会不会太久,通常 15~30min 就会结束,然后团队成员按照

站会的讨论结果开始一天的工作。

图 9-3

一个典型的 DevOps 任务看板

看板上有不同的开发和测试任务，任务看板从左至右分为不同的工作阶段，这些任务被分配给不同的团队成员。最左侧通常是需要做的新任务（To Do），然后是准备就绪的任务，可以分配给某个人员进行分析调研，最中间是开发、审查和测试阶段，最右侧是所有已完成任务的清单。

任务看板只是对所有工作项目的可视化陈列，其背后需要与大量自动化工具、平台、系统进行整合。例如，"新任务"可以通过项目管理工具创建，如 Microsoft Project，并且和不同资源进行匹配；任务"分析"可以与各种业务系统相整合，用于确定工作面；在"开发"阶段，所有提交的新代码都需要支持任务看板中的任务编号，用于对代码变更历史进行追溯；所有在任务看板上从"开发"拖拽到"测试"阶段的任务都需要自动触发自动测试工作流；而当某一任务被拖拽至"完成"时，则需要触发自动发布工作流。由此可以看到，实现 DevOps 工作流并非一项单独而具体的任务，而是需要一整套架构，通过对工具集进行整合，获得自动化和协同的能力。

目前，微软云计算平台 Azure 和亚马逊云计算 AWS 都针对 DevOps 提供了一站式解决方案。两者所包含的服务对比如下。

AWS 提供的各项 DevOps 服务见表 9-2。

表 9-2　AWS 上的 DevOps 服务

AWS	服务说明
AWS CodePipeline	软件发布工作流
AWS CodeBuild	生成和测试代码
AWS CodeDeploy	部署自动化
AWS CodeCommit	私有 Git 托管
AWS CodeStart	统一 CI/CD 项目

Azure 提供的各项 DevOps 服务见表 9-3。

表 9-3　Azure 上的 DevOps 服务

Azure	服务说明
Azure Boards	使用敏捷工具，在团队中计划、跟踪和讨论工作
Azure Pipelines	使用适用于任何语言、平台和云的 CI/CD 生成、测试和部署。连接到 GitHub 或任何其他 Git 提供程序并持续部署
Azure Repos	无限制的云托管专用 Git 存储库，并通过拉取请求和高级文件管理进行协作
Azure Test Plans	使用手动测试和探索测试工具测试并交付
Azure Artifacts	与团队一起创建、托管和共享包，将项目添加到 CI/CD 管道
扩展市场	支持 1000 多个扩展，包括 Docker、Slack、GitHub 集成等，也可以创建自定义扩展

经过多年实践，最终表明 DevOps 和云计算是紧密相连的。这两者之间的天然交集也非常容易定义。

1．统一的标准化 DevOps 平台

云计算的统一平台为 DevOps 的自动化工作流提供了一个标准的集中式管理、开发、部署和测试平台，而这在过去企业自主建立的分布式业务系统中是不存在的，这种统一性和标准化解决了许多分布式系统的复杂问题。

2. 云计算使 DevOps 更容易实践

大多数公有云服务商都在云平台上提供了 DevOps 解决方案，已经用于与各类开发、部署环境进行整合的 CI/CD 工具集。这些整合显著降低了 DevOps 在实践上的难度和成本，并且让所有业务流都通过云平台进行汇聚，从而帮助企业对更大规模的项目进行敏捷化转型。简而言之，使用云计算平台进行集中控制比其他任何方案都更加容易。

3. 云计算本身就是敏捷的一大体现

在传统架构设计中，研发部门需要对系统容量、数据规模等进行大量资源用量评估，任何错误的估计和预判都会导致业务损失。基于云实现 DevOps 可以显著降低对资源进行评估、核算的需求。另一方面，云计算基于用量的计费方式也可以帮助开发人员、测试人员和运营部门轻松实现资源用量和费用统计。当 DevOps 工作流或者开发、部署环境需要调整时，云计算也提供了本地机房不具备的灵活特性。

一般谈及 DevOps 的应用案例，人们都会想到小规模创业公司或公司中新成立的创新项目，很难想到会有大型企业利用 DevOps 进行转型。但其实这样的例子就发生在微软。

只要用户使用的是 Windows 操作系统，或者运行着 Windows 的计算机，就接触到了微软 Windows 和设备部门（Windows and Device Group，WDG）的产品和服务，微软 WDG 的主要工作是为设备提供操作系统。Windows 作为微软的核心产品之一，是一个庞大、功能丰富、生态完善的操作系统，为了开发并维护这一产品，WDG 部门拥有约 22000 名员工，其中约有一半的人都是专业工程师。要管理这样一个大型团队和产品，并且要保证其稳定性、可扩展性，确保其整体基础架构平稳可控并不容易。

过去，WDG 只是多个团队共同组成的一个大部门，每个团队都使用自己熟悉的工具和流程，这就导致不同团队之间的开发难以协调。微软 WDG 的项目经理 Jill Campbell 在评价过去的工作方式时这样说："每个团队都使用着不同的项目管理和监控方式，虽然我们一直努力实现代码共享，为每个人分配合适的工作，但依然需要一个整体的解决方案将所

有人的工作连接起来"。

而现在，微软 WDG 部门已完全转向 DevOps 工作模式，使用 Azure DevOps 在云端管理开发任务，处理错误追踪，实现代码共享和产品敏捷规划，Azure DevOps 在微软内部已经有超过 33000 名工程师使用，其中包括 WDG 的项目。WDG 为他们创造了理想的合作平台，为各个级别的管理人员都提供了清晰明了的项目视图，以可视化方式显示项目进度和团队之间的依赖关系。

从消费者角度来看，微软 WDG 团队使用 DevOps 的直接成果就是 Windows 操作系统的发布周期得到极大缩短，新功能的发布速度得到快速提高。在 Windows 10 操作系统之前，微软通常每隔 3 年才会发布一个新版本的 Windows，对于用户来说新版本需要漫长的等待周期，每次大型版本更新也为用户带来了沉重的学习和培训负担。对于如今瞬息万变的市场来说，3 年已经太长，不只是因为需求快速增加，对安全性、管理性和移动部署的关注也在不断提升。因此 Windows 10 采用了持续开发、持续发布的 DevOps 模型，Windows 操作系统已不再像一个传统软件产品，而是一种持续更新的服务——Windows 即服务。

Windows 即服务以半年为一个发布周期，每年 3 月和 9 月提供两次主要功能升级。除此之外，Windows 10 还提供了与用户、社区紧密结合的用户反馈中心，从而使产品组可以直接获得来自最终用户的反馈，以便在设计和开发阶段就对功能进行快速调整。

由于采用了持续发布的模式，对于非关键生产环境的用户来说，还可以选择将 Windows 10 注册到快速更新通道 Windows Insider，通过该通道用户可以获得产品组最新开发，但没有正式发布的功能和服务，每隔几天就可以升级到最新的 Windows 10 预览版本。这样，用户不仅可以提前预览新功能、新特性，也可以对这些功能进行测试并向微软提供反馈。如图 9-4 所示是 Windows 反馈中心截图，名为"huang"的用户希望微软为 Windows 10 中的天气应用添加空气质量信息，微软工程师不仅采纳了这项建议，还回复用户在新版本天气应用中加入了该功能。

图 9-4

微软 Windows 10 中的用户反馈中心

微软 WDG 部门项目经理 Jill Campbell 在评价 DevOps 时表示"我们经历了混乱，我们创造了秩序，现在我们正在加速并获得更好的结果，因为我们已经能够使用 Azure DevOps。这是一个以开发人员为中心的环境。"

9.2 人工智能

人工智能（Artificial Intelligence，AI）是计算机模仿人类智慧的能力，使计算机可以理解并分析内容，识别语音、图像，或者以自然的方式与人类进行交互。

人工智能技术是通过特定的算法，让计算机从经验（数据）中学习，并能够根据新的输入返回智能结果的技术。人工智能的概念最早在 20 世纪 50 年代提出，当年吸引了很多研究机构，并奠定了现在人工智能技术的自动化和形式推理基础，这些工作也极大地推动了后来的决策支持系统和智能搜索技术等。

现在，人工智能技术已经在很大程度上融入了人们的生活，例如，智能语音助手（如苹果 iPhone 手机上的 Siri、Windows 10 操作系统中的 Cortana（小娜）和小冰）、特斯拉上的汽车自动驾驶技术、谷歌的 AlaphGo 围棋、交通信号灯，甚至网页上的广告也可能是人工智能算法推荐展示的。

人工智能技术通过将大量数据与快速迭代处理的智能算法相结合，使软件能够自动从数据中的模式或特征中学习。在高性能计算机的帮助下，人工智能技术对数据进行不间断的运算，寻找潜在的结构和规律，对预测模型进行渐进式调整，最终得到高度准确的训练结果。

人工智能技术具有许多理论、方法和技术，主要包括：机器学习（神经网络和深度学习）、认知计算、自然语言处理、图形分析和处理等。

9.2.1　云计算与人工智能

通过处理更多的数据，进行更精细的运算，人工智能可以变得更聪明，也就是说，处理的数据越多，AI 就越智能，计算能力也就越强，它可以更快地找到可以匹配需求的模型。

有统计数据认为，现在全世界每天所产生的数据总量超过 2.5QB[⊖]，而随着物联网 IoT、移动设备的快速增长，数据增长速度更加迅猛。这种数据量放在十几、二十年前是无法想象的，而无人驾驶、智能家居、自然语言交互、智能图像视频处理和智慧城市等应用对计算能力也有很

⊖ QB 是 Quintillion Bytes，即 10^{18} 字节，比 TB（Trillion Bytes，10^{12} 字节）更高 2 级，1QB=1024PB，1PB=1024TB。

高的要求，当数据量陡增时，大量的计算能力就成为人工智能技术的实践基础。

由于云计算具有异常庞大的基础设施，其互相连接的全球化数据中心在某种意义上组成了一台"世界计算机[⊖]"，其超大规模的数据存储和计算能力成了人工智能技术普及道路上的助推器。

智慧城市或许是人工智能目前规模最大也是最复杂的应用场景，通过对城市各个部分进行数据采集，市政管理部门可以智能化地实现资源调度和管控。这一场景需要连接包括交通、市政、医疗、消防，以及公安等在内的多个系统，根据城市中的人员活动来自动调整包括信号灯在内的公共设施。这一场景无论是其数据量、系统复杂度还是对计算速度的要求都是极高的，而如果没有云计算作为平台支撑，这几乎是不可能的。具体到城市中的微观元素，以汽车为例，在无人驾驶汽车的场景中，汽车、车载移动终端和车内人员携带的移动设备都可以随时随地收集交通路况信息，车身配备的 360° 全方位摄像头不断对道路状况进行视频采集，同时车身四周的各种传感器也在收集相应的环境信息，再加上城市道路地图、信号灯信息和 GPS 等信息，每毫秒都会产生大量的数据，这些数据需要一个强大的计算平台提供"智能"响应，汽车不断采集数据，发送至云端，云端的人工智能应用不断通过新数据对算法进行优化，并发送反馈结果，从而创造安全的交通环境。

目前，微软和谷歌在人工智能领域都处于世界领先位置。谷歌研发的 AlphaGo 人工智能围棋应用在 2015 年引发了全世界的关注，先后打败多名世界冠军选手，包括韩国职业围棋九段棋手李世石和长期保持世界第一的中国职业围棋九段棋手柯洁等。

谷歌在其云计算产品线上推出了专门的 AI 解决方案，包括 AI 组件库 AI Hub、用于帮助开发人员构建人工智能（支持视觉、语言、对话等多种 AI 能力）应用的 AI 构建块，以及帮助数据科学家进行快速概念验证的 AI

⊖ 微软就将其 Azure 称为"世界计算机"。

平台。

Azure 也提供了包括机器学习工作室、机器学习服务在内的一系列 AI 服务。微软还将自己几十年的 AI 技术沉淀，打包成"微软认知服务"提供给软件开发者，该服务主要以 API 的形式提供了 5 种人工智能技术，包括：智能决策、计算机视觉、语音、搜索和自然语言。开发人员无须了解人工智能技术，只需根据需要向自己的应用程序集成所需的 API 即可，可以快速构建具有 AI 能力的应用。例如，现在很多企业的语音客服都是由微软认知服务驱动的，通过识别客户语音，分析并得到反馈文本，然后以自然人声将文本朗读给客户，从而实现智能语音客服交互提供。

9.2.2　动手实验：3min 搭建一个智能问答聊天机器人

本节将尝试在 Azure 上创建一个人工智能自动问答机器人，整个过程无须编程，通过 Azure 提供的人工智能服务即可自动创建。

注意：本节使用国际版 Azure 演示操作步骤，主要使用了 Azure 云计算平台，Azure 认知服务和微软 QnA Maker 智能化问答机器人生成器。

1．Azure 认知服务

Azure 认知服务是一组以 API、SDK 和在线服务的方式提供的人工智能服务，可以帮助开发人员生成智能应用程序，而无须具备高深的 AI 或数据科学经验。Azure 认知服务的目标是帮助开发人员创建可以看、听、说、理解甚至开始推理的应用程序，使用 Azure 认知服务，开发者可以轻松地将 AI 功能添加到应用程序中。Azure 认知服务支持的智能应用包括：视频、语音、语言、Web 搜索和智能决策。

2．QnA Maker

QnA Maker 是一种基于云的 API 服务，它可以基于数据创建聊天式问答，支持将常见问题解答文档、网页或产品手册等半结构化内容以智能化、自动化的方式创建，为问题与解答服务。该服务可以使用自然语言与用户进行问答交互。

3．聊天机器人

聊天机器人（Chatbot）是一种可以通过语音或文本提供人机交互的程序。世界上最早的聊天机器人创造于 20 世纪 90 年代，如今可以在各种移动设备上见到，比如苹果 iPhone 和 iPad 上的 Siri、Windows 上的小娜，以及 Google 的智能助理等。

使用 Azure 认知服务创建简单的智能问答机器人的步骤如下。

1）访问微软 Azure 认知服务的问答机器人 https://www.qnamaker.ai/，单击右上角的"Sign in（登录）"按钮，使用自己的 Azure 账号登录。

2）登录成功后，单击页面上的"Create a knowledge base（创建知识库）"菜单，出现如图 9-5 所示的页面，整个创建过程共有 5 步。

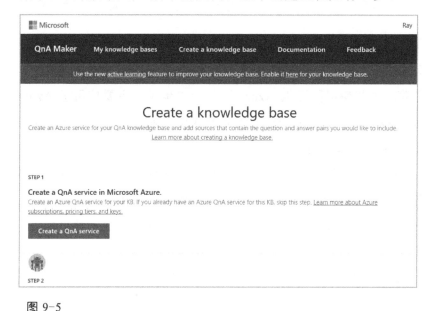

图 9-5

创建知识库的页面

3）首先，需要在 Azure 上创建一个 QnA 服务。单击"STEP 1（步骤 1）"的"创建一个 QnA 服务（Create a QnA service）"按钮。页面会导向至 Azure 门户网站并显示 QnA Master 的创建窗格，如图 9-6 所示。

图 9-6

Azure 中创建 QnA Maker 的页面

根据需要设定服务名称、资源组和位置等信息。对于本文来说，"定价层"选择"F0"、"搜索定价层"使用"F (3 Indexes)"、"App Insights"选择"禁用"即可满足要求。参数设置完毕，单击"创建"按钮即可。

稍候片刻，Azure 门户会提醒部署成功，如图 9-7 所示。

图 9-7

服务创建成功

4）返回到之前的 QnA Maker 知识库创建页面，单击"STEP 2（步骤 2）"中的"Refresh（刷新）"按钮，此时应该可以看到刚创建的 QnA 服务，如

图 9-8 所示。

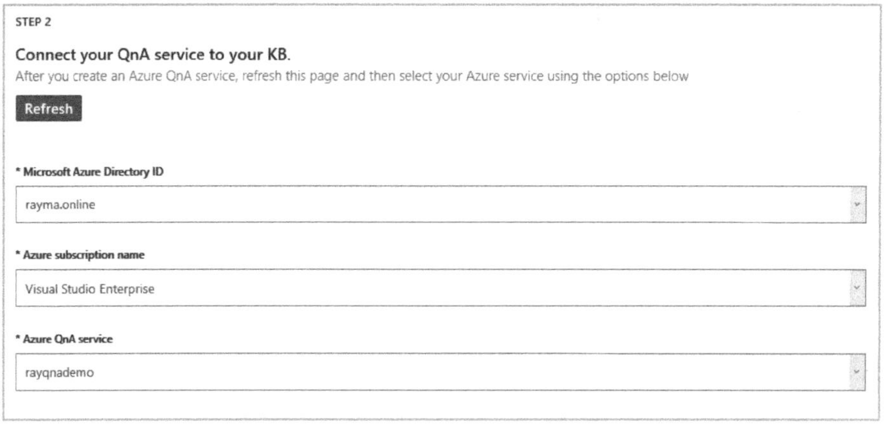

STEP 2

Connect your QnA service to your KB.

After you create an Azure QnA service, refresh this page and then select your Azure service using the options below

Refresh

* Microsoft Azure Directory ID

rayma.online

* Azure subscription name

Visual Studio Enterprise

* Azure QnA service

rayqnademo

图 9-8

将 QnA 服务与知识库相连

5）继续到"STEP 3（步骤 3）"，为新创建的知识库（Knowledge Base，KB）输入一个名称，此处输入"Azure 中国常见问题"。

6）在"STEP 4（步骤 4）"，将知识导入至新创建的知识库。数据可以通过网址或者上传文档导入，支持的文件类型包括 PDF、Word、Excel 或 TSV 文件。在本例中，使用一份预先准备好的 Word 文档，读者可以从资源中下载该文件，然后在"File name（文件名）"处上传，如图 9-9 所示。

File name

Azure中国常见问题.docx

+ **Add file**

图 9-9

向知识库上传文件

上传文件后，还可以对聊天机器人的聊天风格进行进一步定义，Azure QnA Maker 提供了 6 种预置风格：无、专业、友好、诙谐、体贴和热情。此处读者可以自行选择，如图 9-10 所示。

Chit-chat

Add chit-chat to your knowledge base, by choosing from one of our 5 pre-build personalities: Professional, Friendly, Witty, Caring and Enthusiastic. This gives you an initial set of chit-chat data (English only), that you can edit. Learn more about the chit-chat personalities.

○ None
○ Professional
◉ Friendly
○ Witty
○ Caring
○ Enthusiastic

图 9-10

选择对话机器人的聊天风格

7）单击"STEP 5（步骤 5）"的"Create your KB（创建知识库）"即可。

新的知识库创建完成后，QnA Maker 会显示知识库中的所有问题和答案，如图 9-11 所示。

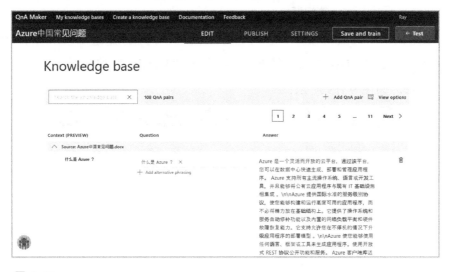

图 9-11

新创建的 QnA 知识库

单击右上角的"Test（测试）"按钮可以对问答准确性进行测试，例如，在知识库中的问题是"什么是 Azure"，此处在测试时询问"我不懂 azure，给我讲讲它是什么？"，获得的结果如下图 9-12 所示。

当然，读者如果有兴趣，也可以对问答进行进一步编辑，加入更多元素。此处不做展开介绍。

图 9-12

Azure QnA Maker 可以比较准确地回答问题

接下来，单击右上角的"Save and train（保存并训练）"按钮进行保存。保存后，单击"PUBLISH（发布）"菜单→"Publish"按钮，发布新创建的知识库，如图 9-13 所示。

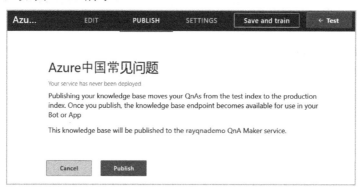

图 9-13

单击"Publish"按钮发布新创建的知识库

发布成功后，就需要创建聊天机器人了。在这一步，如果读者熟悉 Postman 或 Curl 工具，就已经可以通过它们对聊天机器人进行测试了。单击创建成功后页面上的"Create Bot（创建机器人）"按钮，创建聊天机器人如图 9-14 所示。

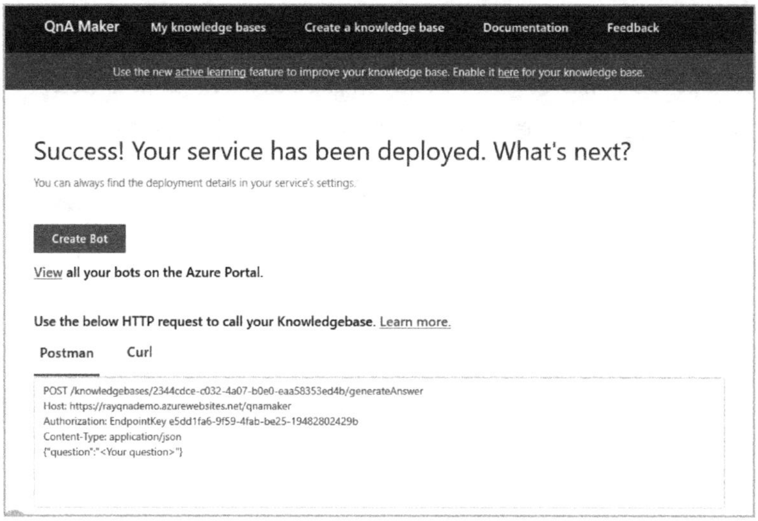

图 9-14

创建聊天机器人

创建后页面会跳转至 Azure 门户网站，并要求填写聊天机器人服务的配置信息，使用默认值即可，如图 9-15 所示。

图 9-15

在 Azure 中创建对话机器人

单击"创建"按钮。如果遇到"未为订阅注册资源提供程序 Microsoft.

BotService"的错误，请在 Azure 门户上前往"所有服务"→"订阅"，选择自己使用的订阅，然后在该订阅的"资源提供程序"窗格中搜索"microsoft.botservice"，将其选中并单击"注册"按钮，如图 9-16 所示。

图 9-16

注册 Bot 服务

当聊天机器人部署成功后，就可以在其所在的资源组中看到，如图 9-17所示。

图 9-17

在 Azure 中查看所创建的资源列表

其中列出的"Web 应用机器人"就是新创建的聊天机器人，其部署位

置是"global（全球）"[⊖]。单击并打开，可以使用 Azure 提供的"测试"功能进行测试，如图 9-18 所示。

图 9-18

查看对话机器人的详细信息

单击页面中的"测试"，即可在网页中进行对话，如图 9-19 所示。

图 9-19

在 Azure 中对网络聊天进行测试

⊖ 注意，由于 Web 应用机器人是一个 PaaS 服务，因此其部署位置是"global"。

如果读者了解 Web 开发，也可以使用 WebAPI 将这个聊天机器人集成到自己的网站中，整个过程并不复杂。

到此为止，一个智能聊天服务已经创建完成，整个过程并没有手动训练任何机器学习模型或者语言分析模型，Azure 认知服务帮人们完成了所有后台智能驱动任务。

注意，QnA Maker 本身就支持问候语（Chit-chat）等自然语言回答，可以根据不同应用场景选择不同的语言风格，如专业（Professional）、友好（Friendly）和诙谐（Witty）等。如果需要，可以在知识库中进行编辑，添加所需的信息，如机器人的名字、年龄、来自哪里等，Azure 认知服务会自动进行语义分析，当用户问到相关信息时，机器人就可以对答如流。

9.3 数据科学

数据科学是数据推理、算法和数据处理技术的融合学科，它可以帮助人们理解数据，并从中找出实际应用价值。

数据科学的核心是数据，这些数据来自于方方面面，包括企业各种系统的数据库，以及工作、生活中的一切数字化内容。在数据科学领域，大量原始数据被统一存放至数据仓库中，然后利用复杂数据的处理、转换技术和大规模运行的算法对其进行分析，从而将数据转化为具有业务价值的洞察力。

这些数据可以被分为两大类：结构化数据和非结构化数据。通俗来说，结构化数据是可以通过表格存储的数据，如常见的 Excel 表或 SQL 关系型数据库中的内容；非结构化数据是无法以一致的表格结构存储的数据，如图片、视频、文本、音频或网页等。

数据科学将所有数据都汇聚在数据仓库中，无论是结构化、非结构化，还是半结构化数据，都是数据处理、分析算法的输入，通过推理模型、时间序预测和拟合等方法逐步拼凑并找出潜在关联和规律。

如图 9-20 所示是一个典型的数据科学解决方案，该方案使用微软 Azure 构建，实现了从最左侧数据源进行数据摄取，将其存入到云端存储 Azure Storage，然后利用 Azure Databricks 对其进行清理、转换和计算，生成数据科学模型，从而可以进行预测性分析。最后使用 Web App 将数据科学模型以网站形式进行呈现，让最右侧的终端用户可以带入自己的数据进行模型演算。

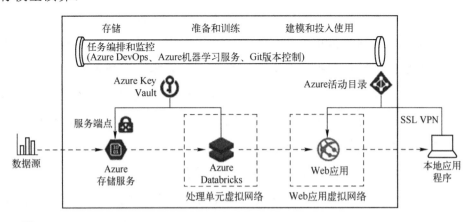

图 9-20

使用 Azure 搭建的典型数据科学解决方案

数据科学和人工智能一样都已经深入普及到人们的日常生活中，这两者也常常伴随出现，一方面可以使用大数据对人工智能模型进行训练和强化，另一方面，利用人工智能技术也可以反过来帮助人们更好地理解数据，创造更多商业价值。

常见的数据科学应用示例包括以下几个。

● 电子邮箱的垃圾邮件过滤系统的背后是由数据科学支撑的，垃圾邮件的判定是通过与垃圾邮件数据库中数据特征进行比对而得出的。当然，现在微软、谷歌等厂商还在数据比对的基础上引入了人工智能技术，进一步提高了准确度和效率。

● 网页上显示的广告大多数也是由数据科学驱动的，这些广告都是根据过去的浏览记录找出数据特征，然后经过算法获取精准投放的广告内容。与上面的例子一样，很多线上广告系统也早已引入人工智

能技术，提供更加个性化的精准推送。

● 一些客户关系管理系统、销售管理系统中对销售数据、商机判断等场景加入了数据分析能力，通过将多维度、多角度数据整合在一起，利用算法获得更明智的商业决策。例如，根据人们过去的购买习惯推送可能感兴趣的商品，或者根据与购买习惯类似的消费者的购买记录，为人们推荐相关商品。

如今，数据科学已经与机器学习等人工智能名词密切相关，但数据科学所接收和处理的数据更加混乱，结构更缺乏统一性，因此，人工智能技术更多的是使用经过数据科学处理、转换后的数据，而数据科学则要面对数据源不同、数据不一致、数据缺失、数据格式不匹配，以及数据单位不同等一系列棘手问题。因此，在人工智能技术使用这些数据前，数据科学专家需要承担大量数据清理和转换工作，清理脏数据，修复易混淆的数据，从而可以让后续的分析、推理能够灵活使用并得出准确结果。

前面已经提到过，数据科学与机器学习、人工智能等技术密切相关，因此在很多云计算平台，这几样技术都由机器学习服务提供。

Azure 在数据科学领域提供了多种服务。在数据库领域，Azure 提供了关系型数据库 Azure SQL、键值存储 Azure Table Storage 和多模型数据库 Azure Cosmos DB。在数据分析方面，Azure Databricks 提供了端到端的机器学习和实时分析功能，该服务基于 Apache Spark 分析服务而构建，支持 Apache Spark 上的所有服务，并且可以与 Azure 上的其他服务紧密集成。Azure 数据工厂用于创建数据工作流，实现自动化数据转换和传输。Azure 数据湖存储是针对超大规模数据集而设计，以低成本的分层存储将大数据分析所需的海量数据存储到 Azure Blob 中，并提供了高可用和灾难恢复功能。

在数据科学领域，数据科学家可以使用可视化的 Azure 机器学习工作室（Machine Learning Studio）来创建数据科学实验，无须任何编码就可以快速实现概念设计和验证。对于高级数据分析需求，还可以使用 Azure 机器学习服务（Machine Learning Service）编写并训练自己的数据模型，该

服务支持数据科学领域专用的 R 语言、Python、Jupiter Notebook、Hive、MapReduce 等多种技术，可以在一个平台上实现方案设计、编写和测试，可以直接将数据科学模型发布到生产环境，或者转换为 Web 服务，方便其他应用程序通过 WebAPI 调用。

GCP 提供的数据分析服务包括 BigQuery、Datalab 和 Dataproc，其中 BigQuery 具有优异的性能，可以在数分钟或数秒内完成过去需要数天或数小时的数据查询。谷歌 Dataflow 提供了全托管的实时流数据和批处理数据转换功能。谷歌 Cloud Pub/Sub 服务作为一个全局消息和事件传递系统，为数据存储和分析过程中的数据管道提供了数据暂存位置。

9.4　云计算与物联网

最近几年，除了大数据、人工智能以外，物联网（Internet of Things，IoT）也成为越来越火热的话题。宽带网络日益普及，几乎所有设备都具备联网功能，硬件制造成本不断降低，在摩尔定律的推动下，硬件性能不断增强，同时其体积和功耗不断缩小，包括加速计、陀螺仪、温度计等在内的各类传感器无处不在，移动设备上的操作系统也不断拓展新的疆域，如安卓操作系统就不仅有智能手机版本，也有电视和智能汽车上对应的版本。"物联网"的诞生正是因为这些飞速发展的技术。

物联网是一个很基本的概念，简单来说就是"在世界上所有东西之间建立连接"，如各种家用电器（冰箱、洗衣机、微波炉等）、可穿戴设备（手表、耳机、心脏起搏器等）、个人电子产品（手机、笔记本计算机等），还有环境中的各种装置（电梯、灯、开关、水阀等）。在工业领域，则是各种设备和部件之间的互联互通，如交通信号灯、机床上的各个组件、飞机发动机中的各个组成部分等。如果这一切都可以互联互通，就可以通过所采集和交换的数据得到更丰富的信息，从而为生活提供便利，同时也会重新塑造人们的工作模式。

由物联网驱动的全新的生活和工作体验是很多人都向往的，它代表的是一个更具智能化的社会。例如，在传感器的帮助下，写字楼的照明和电梯系统可以更精细地提供服务，并且节省更多电力；通过收集并分析飞机发动机或电梯里的传感器所提供的各项数据，可以提前预测设备更换和维修需求；自动订购常备食品的冰箱；或者自动根据城市实时道路状况提供最佳出行规划；甚至是智能网络课堂，如图 9-21 所示。

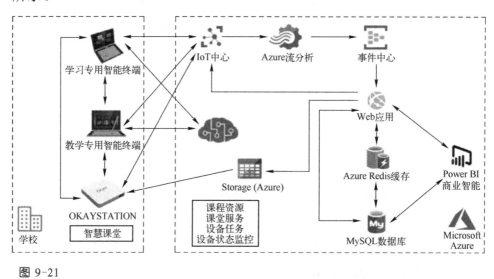

图 9-21

北京点石经纬科技有限公司利用 Azure 构建的 IoT 网络课堂

云计算与物联网已密不可分。云计算作为功能强大且互联的计算网络，只要网络可达，就可以为世界上任一角落提供计算资源。对于物联网来说，各类设备、终端和传感器不断采集环境数据，要根据需求做出决策，就必须对数据进行汇总和分析，而这就是云计算平台的价值所在。例如，在一个典型的智慧城市场景中，每栋智能写字楼都具有上万个不同类别的传感器，通过利用云计算，将所有智能楼宇的传感器数据采集到一起进行分析，就可以为城市的电力、交通等系统提供决策意见。这个过程所需的大范围数据连接、大规模数据采集、海量数据分析和计算等都是云计算平台所擅长的，通过利用云计算，其成本和可伸缩性也会得到极大优化。

Azure 上的主要 IoT 服务包括以下几种。

- Azure IoT 中心：完全托管的软件即物联网服务。
- Azure IoT Hub：实现数十亿个 IoT 终端连接、监控和控制。
- Azure IoT Edge：将计算能力拓展到物联网的边缘设备上。
- Azure Digital Twins：为物理世界中的物联网创建数字化模型。

AWS 上的主要 IoT 服务有以下几种。

- AWS IoT Core：用于将设备以安全的方式连接到云。
- AWS IoT 设备管理：对大规模物联网设备进行托管、监控和远程控制。
- AWS IoT 分析：对大量物联网设备的数据进行复杂分析。
- AWS IoT 事件：对大量物联网设备产生的事件信息进行响应。

9.5 云计算与区块链

说起区块链，很多人就会想起比特币，再了解点的人可能还会说"空气币""割韭菜"这样的调侃名词。其实不然，比特币只是区块链上的一种应用场景，区块链作为一项独创性的发明，一经诞生就立马在世界各地火了起来（大部分原因也是因为比特币），然而其技术开创者中本聪（Satoshi Nakamoto）究竟是谁，至今还是个谜。

在传统的数据存储方式中，所有数据都是存储在一个单一的位置，如数据库或磁盘。当将一个文件发给另一个人时，为了确保对方收到的数据没有被篡改，还会使用一些算法（常见的是散列或哈希算法，如 MD5、SHA 等），将数据的特征值单独发送给对方，对方收到后可以检查特征值是否匹配，从而对资料的完整性进行校验。

区块链打破了这一数据校验方式，提供了一个透明且可验证的分布式系统。用最简单的术语来解释，区块链以链状结构将数据块串接到一起，每块数据的特征值都会被链条上下一个数据块包含在其中，以此类推，从而形成一个无法被篡改的链式数据结构。因为只要其中任何一段数据被篡

改，链条的下一环就无法通过校验。这种链条并不是全部保存在一个地方，而是分布式地保存在网络上，不同人、不同计算机持有与自己有关的一部分链条，因此谁也无法推翻整个链条所记录的内容。

由区块链这种分布式结构组成的数据存储网络与现在主流的服务器/客户端这种集中式结构截然不同，它通过"去中心化"推翻了位于系统结构中央的权威数据中心，以金融业场景为例，区块链将传统集中式账本转变为共享、分布式账本，其中所有信息都是开放透明的，这种特性也使伪造交易记录变得几乎不可能，降低了欺诈的风险。

随着区块链上的交易数量逐步增加，其数据链条的规模也在不断增长。当整体系统规模较小时，每个节点上的数据是非常有限的，计算量也不大。但随着交易量的增长，每个节点上的数据会越来越多，所要求的计算量也会显著增加。

由于区块链需要分布式网络来承载各个节点以及其上所需的计算和存储资源，云计算提供的分布式基础设施便成为其理想选择。目前 Azure 和 AWS 都推出了云端区块链解决方案。

第10章

未来新世界

10.1 数据+计算+分析=洞察力

如果读者不确定世界每天的数据量，一些统计数据可以帮助大家理解这一问题。

- 谷歌每天处理着超过 10 亿次的搜索请求。
- 谷歌 Gmail 每天发送超过 2940 亿封电子邮件。
- 在国外著名的社交应用 Instagram 上，平均每分钟有大约 69000 张照片发布。
- 国外微博客应用 Twitter 每分钟发布约 45 万条推文。
- 国外视频网站 YouTube 用户每分钟上传 500h 视频。
- 2020 年，由于物联网的发展，全球联网设备总数会达到 307.3 亿台。
- 预计到 2021 年，全球智能手机用户数量将达到 38 亿。

在前面的章节中，已经对大数据、人工智能都做了基本介绍。这些概念都已经存在了很多年，现在很多企业都意识到一点，如果可以获得日常业务运营过程中的所有数据，并且利用高效、准确的手段对其进行分析，就可以获得重大的商业价值。

洞察力，指的是对商业环境的理解能力，包括对消费者和竞争对手的了解程度、对市场变化和趋势的敏感程度，以及暗藏在世界运转中的潜在规律等。

在 1910 年，苏格兰作家和诗人安德鲁·朗说，他使用统计数据的方法和醉汉扶着路灯是一样的，都是为了支撑，而不是为了照明。现在，即使是经过了 100 多年，很多现代企业还是使用数据来支持自己的想法，而不是推动业务决策。

但有些企业早就开始收集信息、使用分析和利用数据挖掘手段对未来决策提供参考信息。只有真的懂得这些数据，知道自己有哪些数据，了解对应的分析方法，并将其转换为未来决策，才可以解锁其蕴藏的价值。

数据量的爆炸性增长，存储设备价格的持续降低，信息化程度的不断提升，任何企业和个人都可以轻易保存并抓取大量数据。世界知名的咨询公司埃森哲的研究显示，79%的受访企业高管都认为如果不对大数据进行利用，企业将失去竞争地位甚至被市场淘汰。试想，如果自己是一家企业主，现在可以知悉市场上的所有变化，并且迅速分析出决策建议，那么这对自己的业务会有多大影响？这些信息一方面可以帮助企业不断优化产业结构，降低成本，另一方面可以根据客户需求不断创新，保持最强竞争力。

要实现这一目标，挑战也不小。数据量增加，虽然提供了更多潜能，可以从中找出更多有价值的信息，但也让这些信息的搜寻变得更加复杂。数据量越大，获得的噪音也就越多，人们在数据中迷失的可能性也越大。

另一方面，如果保留所有的数据，数据增长的速度可能会远超人的预期。例如，美国拉斯维加斯市就曾做过统计，全市1100多个十字路口的所有信号灯每天会产生超过 45 TB 的数据。如图 10-1 所示是美国国家统计局给出的全球数据总量，可以看出人们每年产生的数据量在迅速增长，预测在 2025 年全世界会产生 175ZB 的数据。

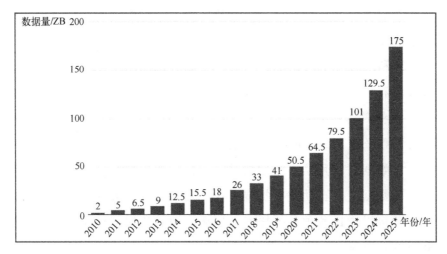

图 10-1

2010～2025 年全世界每年新产生的数据量

究竟要保存其中的哪些数据？保存多久？这都是很难回答的问题。如果只是抽样采集，或者根据时间保留一部分数据，就有可能丢失与交通路况、安全或城建优化相关的重要信息。

此外，究竟哪些数据具有价值？哪些数据之间存在潜在关联？这些商业价值来自于哪个维度，时间还是空间？通过什么方法可以将不同类型的数据结合在一起进行分析？要从海量数据中寻找商业洞察力，其难度并不亚于大海捞针。

商业竞争速度不断加快，不断出现全新的商业模式和竞争产品，这就要求大海捞针的速度要足够快，如果数据分析的速度不够快，无法跟上业务发展的步伐，这些数据的价值就会进一步丧失。但实际上，各类信息系统的使用在不断对实时数据分析提出更高的要求。例如，在之前介绍过的物联网（IoT）场景中，所有数据都是各类传感器持续监控和收集的，以实时数据流传输至云端；或者是常见的金融领域中，证券、外汇市场等交易数据都需要实时分析和预测。试想如果可以知道证券市场上每一笔交易信息和资金流动情况，并立即分析出这些交易对股价的影响，从而立刻做出买卖决策，其收益将会大幅提升。

洞察力的来源就是数据+计算+分析能力，当同时获得这三点时，就可以让企业和个人高度受益，并且将竞争对手远远抛在身后。

云计算和洞察力所需的这三项能力有着天然的匹配度。云计算的超大规模计算和存储能力可以更快地分析并处理数据，帮助企业用户获得洞察力，从而改善产品和服务。

在云计算平台上，即使是 PB 级别的数据量，也可以轻松在数秒内进行查询。当数据日积月累不断增长时，现代化的数据分析方法还可以不断适应增长的数据量并自动进行扩展。在交互式可视化数据分析工具的帮助下，分析师可以尝试各种数据探索、挖掘、加载和模型构建等手段，从而持续获取商业洞察。

10.2　人们会停止购买计算机

如果读者不是年轻人，应该已经多次听到过个人计算机（PC）即将消失的预测。在 20 世纪 90 年代，个人计算机提供了无法取代的生产力，无论是办公室，还是普通家庭，能配备一台 PC，会极大提高工作效率，PC 扮演着无法取代的角色。而现在，对于很多任务来说，计算机已变得不再必须，人们通过随身携带、外形小巧的智能手机和平板计算机就可以随时完成任务。

1．市场的变化

移动设备加速普及，全球个人计算机市场持续疲弱。虽然全球 PC 出货量依然在增长，但相较于十几年前来看，增长率在不断下跌。对应到软件市场，由于 PC 出货量增长缓慢，微软 2019 年第 4 季度的财报显示，其个人计算部门（包括 Windows 操作系统授权收入、Surface 硬件收入、搜索广告收入及 Xbox 游戏软硬件收入）的营收同比只增长了 4%，营收为 112.79 亿美元，运营利润为 35.59 亿美元。

与之成为鲜明对比的是微软的智能云部门，该部门已成为微软最强劲的增长动力，该部门在 2019 财年第四季度的营收同比增长了 19% 达到 113.91 亿美元，运营利润为 96.68 亿美元，这也是智能云部门的营收首次超过个人计算业务。

在企业市场，由于云计算的普及，当企业信息系统需要更新换代时，购置新的硬件、建设新的机房、部署新的网络线路等已不是企业的唯一选择，甚至对于很多希望轻资产化的企业来说已不再是首选。云计算的出现让一切变得更加简单，企业可以灵活地根据业务状况租用云端计算和存储资源，无论是国内还是国外，甚至是 SAP ERP 这样至关重要的大型业务系统，越来越多的企业在架构升级时也在将其从本地部署搬到了云端。

2. 全新硬件形式

当所有应用、数据、服务都迁移到云端后，人们就不再需要计算机，唯一所需的将是可以透过互联网与云计算互动的途径。随着技术发展，现在其实很难对手上的智能手机等随身电子设备提供准确的定义，它们本质上已经成为计算机的全新形式，提供了标准化的硬件架构，上面运行着可以更新和升级的操作系统，其上可以安装各类应用程序，除此之外，与台式机或笔记本计算机相比，智能手机这样的设备还具有超低功耗，并且可以时刻联网。这样的设备虽然还是以消费型应用场景为主，不适合内容创作等工作需求，暂时无法立刻取代个人计算机，但这一趋势或许是无法阻挡的必然。

更新、更强的软硬件结构为移动设备提供了更多可能。虽然微软错过了移动设备的浪潮，但作为 PC 业的生态领先者，也在不断思考如何实现突破创新，保持最佳竞争力。2015 年，微软 Windows 10 操作系统的智能手机版本 Windows 10 Mobile 就提供了一个名为"Continuum（无缝使用）"的功能，如图 10-2 所示，只需要为手机和显示器之间插上一根数据线，就可以在显示器上获得几乎与 Windows 10 一样的功能，从而将手机转换为一台计算机。该功能还可以连接键盘、鼠标等多种外接设备，并且支持手机和"计算机"单独运作，可以一边打电话，一边在显示器上处理电子文档。

图 10-2

微软 Windows 10 手机可以变身为一台计算机使用

谷歌作为互联网领域的领导者，还拥有并主导着安卓（Android）操作系统开源项目。最新的安卓系统也提供了外接显示功能，可以显示一个独立运行的桌面界面，提供类似个人 PC 一样的生产力体验。例如，三星的 S8 手机就提供了与 Windows 10 手机类似的功能，连接外接显示器后，可以获得一台"安卓计算机"。

3．高速网络带来的影响

如果回想过去 20 年的变化，网络一定是发展最快的领域之一，人们不能低估高速互联网对个人计算机格局的影响。

谷歌对 PC 市场充满野心，虽然无法直接抗衡，但很早就积极尝试利用网络来颠覆传统 PC 生态环境。如图 10-3 所示的设备是 Chromebook，它是谷歌在 2011 年 6 月推出的全新形式的"笔记本计算机"，这种计算机在推出时让很多人难以接受。它运行的操作系统由谷歌的 Chrome 浏览器改造而成，整个计算机仿佛就只是一个浏览器，用户无法在本机安装软件，设备本身也只提供了非常有限的存储空间，一切应用都需要联网通过浏览器完成。例如，如果想处理文档或表格，只能使用谷歌的在线办公服务；如果想看视频、听音乐，则只能访问谷歌 YouTube 这样的网站。由于其系统只是一个用于访问互联网的浏览器，因此硬件配置极低，相应地，其售价也比其他设备便宜很多。

图 10-3

三星生产的 Chromebook

由于 Chromebook 价格低廉、使用简单，已经深受海外教育市场的青睐，许多院校都选择为学生配备 Chromebook 用于在线教育。对于很多只有轻度办公需求的白领人士，该产品也是很好的选择，该设备待机时间长，一切数据都保存在网上是这类人群选择它的主要理由。

PC 的另一个主要应用场景是游戏。虽然移动设备的性能已经越来越强，但是在大型视频游戏面前依然显得像是玩具，主流的游戏市场仍然由 PC 和游戏主机（如微软 Xbox、索尼 PlayStation 等）牢牢把守。谷歌在 2019 年 3 月推出了基于云的游戏平台 Stadia，玩家不再需要购买性能强大且价格昂贵的显卡，而是可以利用 Stadia（如图 10-4 所示）背后的云计算平台来运行游戏，游戏画面和玩家操作都通过高速网络传输。该服务宣称可以提供 60 帧/s 的 4K HDR 画质，同时计划推出 120 帧/s 8K 画质支持。现在，只需要一台可以联网的（任意）设备，打开浏览器就可以畅玩各种大型游戏。

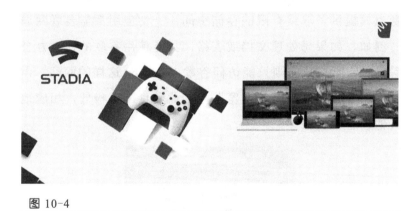

图 10-4

使用任何联网设备配合谷歌 Stadia 手柄就可以畅玩各种大型游戏

微软作为游戏领域不可忽视的重要厂商，也推出了类似服务。微软下一代 Xbox 游戏平台提供了与谷歌 Stadia 类似的服务，将游戏放在云端运行，图像渲染交由云端完成，所有内容通过网络传输。

4. 人工智能

另一个逐渐取代个人计算机的技术是人工智能。微软已经在 Windows 10 上内置了人工智能虚拟助手 Cortana（小娜/小冰），它与苹果 iPhone 上

的 Siri 类似，利用语音控制帮助人们完成工作生活的琐碎任务。

微软、谷歌、阿里巴巴等企业的自然语言处理和语音交互技术已经足以欺骗人类，可以支持上下文理解、推理、语气词等，国内每天有数万个推销电话都是由这些技术在背后驱动，普通人很难分辨跟自己对话的究竟是计算机还是真人。

人工智能的便利性一方面来自于云计算平台上的强大算法和复杂数据集，一方面来自于高速网络。正是因为云端的 AI 能力可以透过互联网交付，因此任何联网设备都可以轻松获得这一能力。这也就是为什么各个厂商都会首先推出智能音箱，利用音箱与人类对话。

想象一下，随着人工智能技术的进一步发展，2050 年它可能真的可以突破图灵测试，也就是无法让人分辨它与人类的区别时，人们通过语音等就可以轻松完成各种任务，个人计算机的必要性将被极大降低。

5. 虚拟现实技术

虚拟现实（VR）技术已经发展了许多年，同时演变出增强现实（AR）、混合现实（MR）这两个变体。虚拟现实技术完全改变了人们与计算机交互的方式，计算机为人们提供的不再是平面上的 2D 内容，而是真的可以沉浸在其中的虚幻体验。

无论是虚拟现实、增强现实还是混合现实技术，目前主要的应用方式都是通过眼镜来实现的。基础款的眼镜本身只是作为显示设备，后端依然需要通过线缆与计算机连接。但像微软 HoloLens 这样的混合现实眼镜，其自身就提供了强大的计算能力，支持联网，可以独立工作，在设计领域已经可以取代计算机独立工作如图 10-5 所示。

图 10-5

微软第二代混合现实眼镜HoloLens2

微软 HoloLens 的混合现实技术可以将虚拟影像叠加显示在真实物理对象并锚钉在立体空间中，比普通的平面显示器提供更丰富的信息，它还具有很好的可交互性，可以识别手势或眼球指令，将物理空间与虚拟空间相融合。

目前，国内已经有许多企业开始使用 HoloLens 进行创新，包括全息可交互手术导航、工业制造、新零售和教育等。例如，广汽本田利用北京商询科技有限公司（以下简称商询科技）的 MeshExpert 打造了可多终端交互的"透明工厂"体验和展览解决方案，如图 10-6 所示。该方案利用微软 HoloLens 将汽车生产车间的虚拟沙盘，结合实际环境投放在体验者身边，体验者能够直观清晰地了解汽车从钢板到整装的 3D 动态演绎过程，在体验过程中，客户不但可以像观测普通沙盘一样近距离多角度的观测，在动态演示时，还可以针对重点环节调取细节信息，反复观看生产过程。该解决方案不受场地的局限，可随时随地在现实空间中展示生产流程，既达到了展示真实流程的效果，又避免长期占用展厅空间，同时提高了展厅展示效率。

图 10-6

商询科技的 HoloLens "透明工厂" 解决方案

目前这些设备的尺寸、重量和效果虽然在不断进步，但还不能让所有人都满意，距离实际消费者的日常应用还有漫长的距离，但相信随着硬件

技术的飞速发展，等待这些技术成为日常生活习惯的时间不会太久。

当人们的生活朝着云端继续迈进，越来越多的东西被迁移至云端，如果人们渐渐丢掉了自己的计算机，企业丢掉了自己的服务器和机房，云计算成为人们工作、生活的必需品，面对这样的未来，你会怎样做？

10.3　硬盘？硬盘是什么？

科技的快速发展确实有时让人跟不上脚步，很多技术和产品在短短几年内就出现了翻天覆地的变化，而如果回想过去的一些工作方式，再看看现在所使用的方法，对于非专业人士来说，甚至可能对如此高速的技术变革感到匪夷所思。虽然不知道读者的年龄是多少，但是在继续后面的内容之前，不妨先看看是否认识图 10-7 中的这几样东西？

图 10-7

见过这些"软盘"吗？

如果读者不认识，那一定是 90 后或 00 后，也有可能是 10 后，这三样东西对 10 后来说一定是上古时代的存储设备，它们分别是 8 英寸、5.25 英寸及 3.5 英寸的软盘，其存储容量最大只有 1.44MB。不要感到惊讶，当年软盘可是最流行的移动存储设备，安装 Windows 95 操作系统需要几十张软盘，很多软件都要多个软盘才放得下，在软盘快消失时，笔者的第一个 U 盘的容量也才 16MB。

有位国外的父亲在收拾家中旧物时，无意翻出了一张软盘，家里小朋友看到后竟然惊讶地说：天哪爸爸，你竟然把"保存"图标用 3D 打印机

做了出来！对于 00 后甚至很多 90 后来说，有多少人知道为什么不同软件的"保存"图标（如图 10-8 所示）都是这种样子呢？

图 10-8

还有多少人知道为什么"保存"图标是这个样子？

科技的快速发展，让年龄相差不太大的人之间也会产生相当大的代沟，不只是软盘，现在的小孩子可能对曾经的诺基亚手机一无所知；对于习惯了 Wi-Fi 和 4G 上网的新生代，拨号上网对他们来说是一个难以理解的概念；即使是聊游戏，年纪小的可能也会对 Gameboy、PSP 和各种游戏掌机没有任何概念。

所谓历史，就是同样的故事不断重复上演，在云计算时代，谁会是下一个被人们忘却的对象呢？从很多方面来看，硬盘的消失是不会让人惊讶的。在之前的章节中，已经提到了一种存储方式——云存储，当云端服务更加触手可得时，过不了几年，一定会有人指着图 10-9 所示的硬盘问这是什么？

图 10-9

目前最常用的硬盘

为什么下一个从人们身边会消失的是硬盘呢？虽然硬盘现在还是人们的主流存储工具，它容量大，随着固态硬盘 SSD 的普及，硬盘的存取速度也在不断刷新，但是，硬盘的稳定性并不是足够好，虽然读者可能不曾遇到，但硬盘故障要比读者想象的更常见：根据著名存储服务商 Backblaze 对 2019 年硬盘可靠性的统计，2019 年，各类硬盘的整体年化故障率达到了 1.89%，个别型号高达 27%。

虽然云盘可能没有本地硬盘那么快，但它确实解决了本地存储设备无法解决的可靠性问题。而在数据可访问性方面，虽然人们可以带着硬盘随处使用，而且移动存储设备（如 U 盘、SD 卡等）的存储容量也在不断翻新，但随身携带也意味着它们更容易丢失、损毁、被盗或掉入水中。

相信大多数人都有定期备份手机照片的习惯，这种定期备份往往要求连接设备到计算机，这不仅不方便，而且还要花费大量时间挑选要备份的文件并等待文件复制。对于普通用户来说，无论是备份后的文件，还是移动设备上的原始文件，可能都不知道该如何对其进行加密，在这种情况下，自己是唯一可以确保这些文件安全的人，现在不妨来设想下，想想看自己的个人存储设备上都有哪些文件和照片，如果这些存储设备丢失，会对自己造成怎样的影响？

从长远来看，个人存储设备的淘汰几乎是必然的，无论上面几点原因读者是否可以应对，但存储空间迟早会被耗尽，而人们也很难持续对存储空间进行升级，即使可以，现在很多设备也不允许这样做，读者不妨看看自己的手机和笔记本计算机，它们支持存储升级吗？或许某些设备可以，但苹果手机 iPhone 和几乎所有超轻薄笔记本计算机现在都无法升级存储空间。

云存储是云计算平台上的一项服务，这种服务利用云计算平台的规模化存储优势，提供安全的文件存储服务，同时还支持多种设备的文件备份、文件共享和跨设备的文件服务功能。提供云端存储服务的厂商有很多，如百度网盘（如图 10-10 所示）、腾讯微云和 360 云盘等服务。主流的网盘服务都支持从多个设备，包括浏览器、计算机和手机，传输和管理文件和文件夹。作为一种相对容易提供的云计算服务，它是很多云计算平台的基础服务项目，其优势不仅在于免费大容量存储空间，由于数据保存在云端，

因此用户可以随时随地从任何设备访问自己的文件。

图 10-10

百度网盘界面

各种云盘都针对不同设备提供了相应的客户端实现文件自动同步和备份功能，这种体验非常简单，所有纳入云盘管理的文件夹都会通过网络自动备份至云端，云盘服务商非常关注数据的安全性，他们会对用户上传的数据进行加密，与大多数人相比，云服务商的加密措施要安全得多。将个人文件和数据放在云端，不再需要担心存储设备丢失或进水损坏的风险。

现如今，人们会存储越来越多的数据，如果只是凭借设备上的存储空间，很难支撑如此大的数据量。例如，用 iPhone 拍摄了许多景色优美的照片，每张照片都是 4K 分辨率，文件大小都超过 10MB，此时只带了一部手机和一台存储空间极为有限的 Surface Pro 平板计算机，这些高质量照片该如何保存？又如何与家人分享？

云存储服务通常按存储空间容量收费，用户只需根据所需的空间大小按月或按年付费即可，如果空间不足，可以随时升级。人们也可以更方便地与好友进行分享，相信每个读者都见过网上分享的百度网盘下载链接，这种在线分享能力极大减轻了人们的数据交换难度，任何人、任何地方、任何时候、在任何设备上都可以访问这些数据，这种方式打破了信息交换的地理屏障、设备屏障、和时空屏障。如果空间不足，只需点点鼠标就可

以瞬间扩容，并且按需根据用量付费即可，如图 10-11 所示。

超级会员 20元/月 开通	6TB 存储空间	40GB 极速上传	极速 上传下载	保险箱 新 文件安全	加速 新 视频云播
普通会员 10元/月 开通	3TB 存储空间	20GB 极速上传	极速 上传下载	保险箱 文件安全	加速 视频云播
免费用户	10GB 存储空间	无	极速	保险箱	加速

图 10-11

国内某知名云盘的费用标准

如果是 15 年前，外出旅行的照片只能保存在若干张 SD 卡中带回家，然后全部复制到计算机硬盘上；如果是 10 年前，虽然可以用 QQ 等工具远程发送给家人，或者上传到 QQ 相册，但依然需要大量手工操作，而且网络相册往往会对照片进行压缩，因此人们还是需要保存一份原始文件；而现如今，只需在手机上安装一个网盘客户端，就可以自动在不同设备间实现文件同步、备份照片，用户只需创建一个分享链接，就可以赋予他人文件访问权限，整个过程都不再需要个人硬盘的参与。

但是，现在还存在网络覆盖不足、很多地区的网络带宽依然非常有限、手机移动网络费用较高、数据漫游费用贵等问题，但随着网络技术的进一步发展，当 5G 等技术得到普及，当所有设备都时刻保持着互联网连接，人们为什么还需要把数据保存在本地设备上呢？如果拿一块硬盘当作古董保存十几年再拿出来，一定会有年轻人问你：这是什么？硬盘？硬盘是什么？

10.4　开源社区更加活跃

开源指的是将软件的源代码对大众公开，让任何人都可以参与、贡献

并重新打包分发的一种软件生产模式。开源也是一种文化，它与专属（闭源）软件相对立，提倡知识的共有性，反对将软件代码作为商业产品变为私有。1998 年 1 月，当网景公司（Netscape Communications Corporation）将非常受欢迎的网景网络套件（Netscape Communicator）的源代码公开后，开放源代码（Open Source）这个词第一次在美国加州硅谷被使用，开源社区至今已经取得了巨大成功，也对整个软件产业产生了巨大影响。现在大家喜爱的安卓操作系统 Android、Chrome 浏览器内核 Chromium 等都是开源社区的杰出作品。

开源运动与其他所有变革一样，遭到了许多反对，尤其是商业软件公司。2001 年，微软当时的 CEO 史蒂夫·鲍尔默表示"Linux 是软件产业的癌症"。然而，即使是当年如此憎恨开源的微软，无论如何也想不到，在差不多 20 年后的今天，微软不仅将自己的大量代码开源贡献给社区，同时还成为了开源技术社区的最大贡献者（如下表 10-1，根据 2018 年 GitHub 统计的数据）。

表 10-1　各大公司在 GitHub 上的贡献度排名

排名	公司	参与贡献的员工数量/人
1	微软	4550
2	谷歌	2267
3	红帽	2027
4	IBM	1813

当萨提亚·纳德拉上台担任微软 CEO 后，该公司甚至将开源作为公司文化的一部分，反复告诉大家"微软爱开源"。在最近几年，开源社区变得更加活跃，不仅得到大公司的大力支持，而且也出现了更多合并和收购，包括 IBM 收购红帽，微软收购最大的开源代码托管平台 GitHub。这些变化都为开源社区带来更多工具，而且会进一步增强开源产品的商业成熟度。

现在，越来越多的人意识到，越是开放的事物，可获得的收益就越大。开放通常意味着集结更多先进的思想和理念，并且给予充分的自由度，从而可以成为许多尖端技术出现的地方。这一点在新兴技术领域尤其明显，

无论是数据科学、机器学习、人工智能还是量子计算，主流的技术解决方案都是开放（开源）的。这些开源技术让新科技变得更加民主，人人可用，这种民主化又反过来进一步推动了新技术的发展和应用。

开源技术社区对云计算也产生了深远的影响，包括非常受企业欢迎的 OpenStack 云计算解决方案，该平台由一系列开源组件共同组成，目的是实现一个通用且开放的云计算平台，让各个企业都可以通过该方案建立自己的云计算平台。这种开放性为企业提供了新的选择，可以方便地使用现有硬件搭建自己的私有云计算平台，并且与本地业务系统进行高度整合。同时，由于 OpenStack 是建立在一系列既定标准上的，它还可以满足互操作性和兼容性要求，让软件和资源可以在云端轻松迁移。

OpenStack 还致力于与公有云计算平台进行互通，如用户可以通过它来操作 AWS 上的资源部署。生态系统隔离往往是竞争对手彼此对用户进行锁定的方式，也是阻碍创新的关键原因之一。OpenStack 提供的这种跨平台互操作特性，为用户提供了开放式治理能力，避免用户因为平台锁定而面临巨大风险。

从宏观上来说，让世界朝着更加开放的方向发展是很多人的愿景。随着传统软件产业朝着服务方向转型，商业模式也发生着巨大变化，让技术民主化，形成创新社区，使人们可以依照兴趣聚集在一起共同创造，利用技术填补不同生态环境之间的沟壑，这都是非常引人入胜的开源理念。

开放的世界不应该有隔阂，就像把手机从苹果 iPhone 换成安卓，人们也希望可以很容易地导出再导入数据，语音助手记录的生活习惯也可以保留。开源世界在持续投入时间、人才和资源，让世界变得更加美好。

10.5　无服务器

在传统服务器/客户端应用程序模型中，需要一台服务器来持续运行服务器端的程序，响应客户端发来的请求。最常见的例子是 Web 网站，浏览

器向 Web 服务器发送访问请求，Web 服务器收到这一请求后进行处理，然后将处理后生成的网页发回给浏览器，浏览器将其渲染到显示设备上。

这种方式支撑了现在见到的绝大多数联网应用，除了 Web 网站，还包括类似 QQ 这样的聊天工具、在线视频工具、具有服务器的业务系统（如财务系统、销售系统）等。服务器的性能决定了可以同时访问的客户端数量，服务器的响应速度也决定了客户端的体验。

如果读者有架设 Web 网站的经验，就一定知道，无论有没有用户访问网站，这个 Web 服务器都是保持运行的。而服务器的规格是固定的，所以，即使是在午夜，也需要为这些硬件和它们所消耗的电力、网络等资源付费。服务器上的任何维护、更新、安全修补工作都会对网站运行造成影响。而如果突然遇到大量用户访问，很难对 Web 服务器进行实时扩容，反过来说，如果没有那么大的访问量，想换用更小规格的服务器也很困难。

无服务器计算是一种全新的程序运行模型，云计算平台将服务器这一概念进行了进一步抽象，使用托管代码的方式提供服务。例如，同样是网站，过去需要配置一台 Web 服务器，而现在只需要提供网站的代码。云平台会根据访问请求动态分配资源并执行这些代码，其计费方式也是完全按照代码执行所花的时间计算。也就是说，如果没有用户访问网站，这些代码就不会执行，也就没有成本开销；当有用户访问时，如果这些代码运行了 20s，云计算平台就会按这 20s 计费。

由于服务器被进一步抽象和封装，无服务器计算所需的硬件资源完全由云计算平台动态调整，因此也可以根据访问量进行伸缩，当面对较大请求量时，为这些无服务器代码分配更多计算资源，反之则进行收缩。

在无服务器的程序模型下，一个传统的大型程序会被拆分为许多很小的组成部分，每部分都以无服务器的形式运行，形成彼此独立的"微服务"。例如，一个网络相册网站可以被拆分为上传微服务、图片剪裁微服务和存储微服务，这些服务根据业务流被串接到一起，共同形成一个完整的解决方案，因此也可以很方便地根据各功能的负载压力进行资源调配。

10.6　容器的世界

之前已经介绍过虚拟化，说起虚拟机读者应该不会再感到陌生。虚拟机对传统物理硬件进行抽象化，让人们可以在一个操作系统中再运行另一台"虚拟"出来的计算机，这台虚拟计算机可以与物理宿主机运行的操作系统完全不同，如图 10-12 所示是在 Windows 10 操作系统上运行的 Ubuntu 虚拟机，还可以按需为其添加不同的硬件。正是由于虚拟机这种抽象化，让资源隔离和管理更容易，也让云计算成为可能。运行在云端的各种服务几乎都是在虚拟机上的。

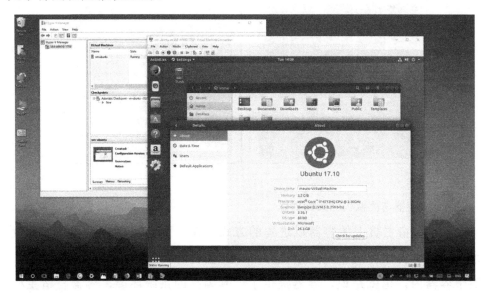

图 10-12

在 Windows 10 操作系统上运行的 Ubuntu 虚拟机

但虚拟机一定是最高效的方式吗？当然不是。虚拟机作为一套完整的操作系统，运行了大量与应用程序无关的内容，虽然虚拟机的硬件是虚拟出来的，但实质上还是由宿主机的硬件作为支撑，因此大量与应用程序无关的内容会极大降低资源利用率。举例来说，如果宿主机安装的是 Windows 10 操作系统，

然后在它上面使用 Hyper-V 安装一个 Windows 10 的虚拟机，并且在该虚拟机中运行业务应用，这时就会有两个 Windows 10 系统，它们都有自己的系统进程、后台服务和系统更新等，等于说使用两套 Windows 10 系统来支撑一个业务应用程序的运行。这种资源利用率是很低的。

虚拟机资源利用率低的原因是虚拟化只是停留在硬件层面，虚拟出了一套硬件，然后在硬件上依然需要安装一套操作系统。因此，如果对操作系统进行抽象和虚拟化，就可以减少冗余的系统级服务开销，从而提升整体效率。这就是容器化技术所实现的目标，采用这种虚拟化技术进行封装的应用程序被称为容器（Container）。图 10-13 展示了虚拟化与容器化的技术区别。

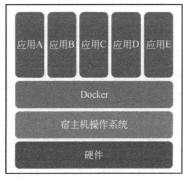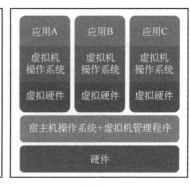

图 10-13

容器与虚拟机的架构对比

运行在宿主机上的容器以进程的方式存在，从容器内应用程序的角度来看，它可以获得与本地应用程序一样的资源访问能力，但这些资源都仅限于容器内，也就是说，容器提供了一套隔离的系统环境，容器与宿主机隔离，容器与容器之间也彼此隔离，但这套环境重用了宿主机的操作系统，从而降低了额外开销。

目前最流行的容器环境是 Docker，其图标如图 10-14 所示。利用 Docker，开发人员可以直接将开发出来的应用程序打包为容器，然后将软件以容器的形式分发给用户。对于用户来说，避免了安装和配置的过程，对于大型企业级软件来说，也极大减少了 IT 管理员的安装、更新、维护和

管理工作。让开发人员可以直接向终端用户和平台交付产品，这也是之前介绍开发运维一体化时所提到的关键点。容器技术的出现，让开发人员可以扫清部署障碍，只需将应用程序封装在容器中，就可以在支持容器技术的平台上测试、部署和运营，结合自动化手段极大提升了生产效率。

图 10-14

Docker 是目前最流行的容器环境

在容器中，程序以分层的方式进行组织，一个容器可能有许多层，下层是上层所需的依赖项，而上层包含的是对下层做出的修改以及新加入的内容。因此，虽然容器使用的操作系统与宿主机相同，都是同一份文件，但是所有变更都是逐层保存在容器内部的。

结合之前介绍的无服务器和微服务的概念，现在的应用程序都会被拆分为很小的单一模块单独运行，从而实现良好的可伸缩和可扩展性。容器是这些微服务的最佳承载方式，它足够轻量化，也足够简单。当一个应用由几十、上百个容器共同组成时，就需要一套编排和调度机制，用于对各个容器的状态进行管理，负责其更新、维护和伸缩。对此，谷歌专门推出了适用于容器的管理框架 Kubernetes。Kubernetes 的名称来自于希腊语，其含义是"总督"。该框架是一个开源的容器业务流程管理系统，可以对容器进行自动化部署、扩展和管理。甚至可以将 Kubernetes 管理的成百上千个容器看作是一个微型数据中心。

图 10-15 展示了时下最流行的微服务架构，这种架构大多是用容器构建的，然后利用 Kubernetes 提供的灵活管理能力进行动态服务调度。例如，在该例中，产品设计人员要对"评价"功能的不同设计方式进行评估，版本 v1 不带评星功能，版本 v2 提供了红色评星功能，版本 v3 提供了黑白评星功能。测试人员可以根据规则要求 Kubernetes 将不同用户的访问请求导

向到不同"评价"版本上，从而了解每个版本的用户反馈。

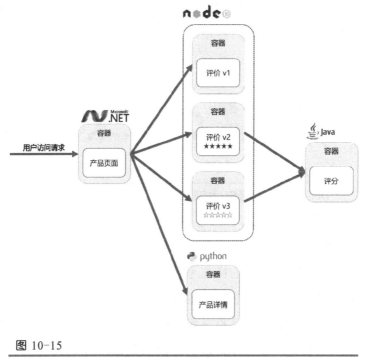

图 10-15

使用 Kubernetes 可以将多个容器编排到一起

在未来，基于云的原生开发将变得更加普遍。开发人员将更多地利用云来交付产品，并且使用微服务、DevOps 等技术实现持续交付和持续集成，软件企业可以通过这些手段加快业务发展速度，简化开发和管理流程。容器为这一趋势提供了安全、可扩展的解决方案。目前，三大主流云服务都提供了专门的云端容器和 Kubernetes 服务。

10.7　更安全的世界

如果读者具有管理公司内部网络、邮件服务器或文件共享的经验，应该对那些可以在局域网或者通过电子邮件、QQ 消息传播的病毒不会感到陌生。以电子邮件病毒为例，恶意攻击者在电子邮件中加入具有迷惑性的

链接或具有攻击性的附件，当用户打开恶意链接或有毒附件，就可能激活该病毒造成计算机感染，有些病毒甚至使用了特殊代码或漏洞，即使没有打开附件，也可能对计算机造成破坏。

现在的世界与 90 年代大不相同，当时人们对计算机的应用还比较简单，安全意识也较弱，因为没有防备意识，因此大多数病毒只需依靠电子邮件、局域网文件共享等方式即可大规模散播，而现在的病毒传播正在充分利用社会工程学进行攻击，通过利用目标人群的心理特点来操纵或诱骗用户执行不安全的行为或泄露敏感信息。

如图 10-16 所示的垃圾短信，通过诱骗用户 iPhone 丢失来引导用户访问仿冒的苹果官方网站，注意此处的网址是 app1e.com 而不是 apple.com，其中的字母 L 被数字 1 代替，不仔细留心的用户单击链接打开仿冒网站后，就会被进一步要求输入 Apple ID 的账号和密码，从而造成敏感信息泄露。

图 10-16
一个利用仿冒网站进行社会工程学攻击的案例

在前文的"云，安全吗？"一节中，介绍到云服务商拥有庞大的安全专家负责运营，持续对云平台上的各类事件和风险进行追踪分析。也反复提到云计算最显著的特点是其规模经济效应，这种效应让人们以"有形"的方式看到企业自主部署的服务器越来越少，硬件投入也在持续降低。同样，这种效应也在运营安全性上以"无形"的方式得到了显著体现，利用

云计算的规模效应来提供更强大的安全服务，也已经走入人们的生活。

过去的电子邮件和病毒安全保护基本都依赖于病毒特征库，杀毒软件定期更新病毒库，每天根据病毒库中的特征码对数据进行扫描。每当有符合特征的数据出现时，就会提示可疑病毒或邮件。

然而，即使是最先进的杀毒软件，也必须依赖病毒库进行安全防护，而这些病毒库的更新周期往往以周为单位。如图 10-17 所示的某杀毒软件，需要始终保持其更新状态。也就是说，即使更新了最新的病毒库，依然无法对最近几天新出现的病毒提供防护。另一方面，每个杀毒软件厂商检测能力是有限的，其病毒库规模也是有限的，并不能覆盖所有恶意病毒的特征，因此，即使安装了杀毒软件，计算机依然中毒的例子也是屡见不鲜。

图 10-17

杀毒软件 McAfee 提供了电子邮件保护

2019 年，微软宣布了"智能安全图谱（Intelligent Security Graph）"服务，以 API 的形式提供了全新的安全防护思路。简单来说，智能安全图谱是一个数据汇合点，其数据来自于微软从其数十种在线服务和应用程序所收集的遥测数据，以"机器学习"的方式分析潜在风险，发出安全警报，并智能化提出应对措施。

举例来说，微软在全球范围内提供的数十种在线服务，这些服务大多

建立在 Azure 上，每天产生了数十亿条数据，其中包括知名的电子邮箱 Hotmail.com、Outlook.com 上的邮件。现在几乎所有电子邮件服务商都默认提供了垃圾/病毒邮件扫描功能，当世界上某个角落的 Outlook.com 邮箱中收到了一封可疑的恶意邮件，其特征信息会立刻被智能安全图谱利用云端机器学习能力掌握，并将其加入到风险特征库中。在世界的另一个角落，如果某人收到了一封类似邮件，但不确定其内容是否安全，其邮箱客户端（如 Outlook）就会通过微软云上的智能安全图谱进行检测，从而具有发现最新威胁的能力，这种能力就像是人们的免疫系统，一旦病毒在一台计算机上出现过，其他地方的设备就不再会受到威胁，它就像一张巨型天网将所有受保护对象相联结，让所有设备对最新威胁立即获得免疫能力。

类似的云安全解决方案还有很多，包括 Citrix Analytics 和 Workspace ONE Intelligence 等，它们都是通过海量数据收集、智能数据分析，并且通过与大量设备、软件深度集成，实现了世界范围内的威胁检测能力。而微软因为运营着 Azure、Windows、Office 和 Outlook.com 等数十种世界级服务，每个月对 4500 亿次访问请求进行分析、扫描 4000 亿封电子邮件、利用必应搜索引擎监控着 180 亿个网页、为 10 亿台 Windows 设备提供安全保护，从而让这种利用云服务进行安全防护的能力得到最大化体现，如图 10-18 所示。

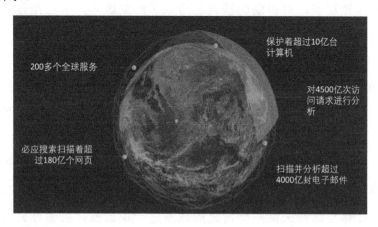

图 10-18

有关微软智能安全图谱的数字（每月）

10.8 有得必有失，更可怕的威胁

当云计算平台成为整个世界的 IT 基础设施，它也开始成为恐怖分子和战争时的攻击目标。有报告称，大型数据中心可能已经成为伊斯兰国 ISIS 等恐怖组织的攻击目标。尽管大型云计算数据中心的具体位置和安防措施等都是保密的，但恐怖组织可能已经掌握了足够的信息，从而可以对这些数据中心进行渗透和攻击。

云计算平台因为其庞大而集中的基础设施规模，成为更加容易被定位的目标。随着越来越多的企业系统、金融和公共服务系统搬上云端，这些云平台在现代化数字社会扮演了至关重要的角色，许多企业和政府都对这种潜在威胁感到担忧。很多人开始思考，这些数据中心是否对物理攻击和网络攻击准备了足够的应对措施。

最常见的攻击都是通过网络实现的，虽然目前还没有针对大型云计算平台实现大规模破坏性网络攻击的案例，但对关键基础设施进行网络攻击的例子层出不穷。例如，震网（Stuxnet）病毒，它从 2010 年开始被人们发现时已经潜伏到许多工业设备中，该病毒专门针对西门子的工业控制系统进行破坏性攻击，对伊朗的核设施造成了严重破坏，卡巴斯基安全实验室称其为"十分有效且可怕的网络武器"。

来自网络的威胁不断增加，但攻击成本却不断降低。有调查研究发现，2016 年有 22% 的数据中心业务中断是由网络攻击引起的，僵尸网络的规模成倍增长，针对各类网络核心服务进行简单粗暴的分布式拒绝服务攻击（DDoS）就可能获得巨大收益。

为此，英国安全部门也曾向英国核电站、机场和发电厂等关键基础设施发出警告，要求加强防御，避免恐怖分子采用新技术绕过电子安防系统。而随着云计算与这些关键基础设施的联系进一步加强，很多办公系统、电子邮箱系统等都已部署在云端，如何对大型数据中心进行有效保护，已经

上升到国家战略层面，如果无法制定有效的网络防护战略，这种恶意攻击很可能会给社会带来巨大的经济损失和灾难。

物联网（IoT）和可穿戴设备的普及，让云计算的触角延伸到每个人的身边。现在已经出现了联网的心脏起搏器和胰岛素注射器等，很多设备的"智能"都是通过云端服务实现的，但如果缺乏有效防护，这些"智能"应用也会为恶意攻击留下后门，威胁到每个人的安危。例如，如果云端负责智能楼宇、交通信号灯的系统受到破坏，人们可能被困在楼中出不来，空调、供电等系统会停止工作，交通会出现混乱等；如果云端的医疗监护系统被恶意篡改，甚至具体到某个人进行攻击，删除云端医疗记录中的用药记录，导致药物过量，或者直接攻击联网的医疗设备和医疗影像分析系统等。

除了这些来自网络的攻击，物理攻击同样让人感到惧怕。现实经验告诉人们，许多错误都是人为产生的，如果无法有效防止恐怖分子进入数据中心，或者防止他们对供电、制冷、灭火等系统的破坏，所造成的影响可能更加巨大。尤其是随着世界进一步扁平化，人口流动更加自由，恐怖分子很可能通过其他国家的伪造证件和档案潜入到另一个国家的数据中心"工作"，如何对员工进行充分的背景审查是云计算运营过程中的一项巨大挑战。

最后，云计算数据中心也可能成为战争、局部冲突、社会暴动等事件中的攻击目标。云端运行的大量在线交易和金融平台会对国家经济运行产生巨大影响。在国家层面上，无论是公有云还是企业、政府自行建立的私有云，只要它们运行着重要金融、公共、军事系统，都将具有高级别的战略重要性，云计算数据中心已成为许多国家开始着手进行主动保护的防御对象。